Hiéronymus

Nouveaux tours extraordinaires de

Mathémagique

Du même auteur :

Tours extraordinaires de Mathémagique, Ellipses, 2005.

En couverture :
Le fileur de cartes – peinture de Michelangelo Merisi Caravaggio (1573-1610) dit Le Caravage.

ISBN 978-2-7298-4377-9
©Ellipses Édition Marketing S.A., 2009
32, rue Bargue 75740 Paris cedex 15

Le Code de la propriété intellectuelle n'autorisant, aux termes de l'article L. 122-5.2° et 3°a), d'une part, que les « copies ou reproductions strictement réservées à l'usage privé du copiste et non destinées à une utilisation collective », et d'autre part, que les analyses et les courtes citations dans un but d'exemple et d'illustration, « toute représentation ou reproduction intégrale ou partielle faite sans le consentement de l'auteur ou de ses ayants droit ou ayants cause est illicite » (art. L. 122-4).
Cette représentation ou reproduction, par quelque procédé que ce soit constituerait une contrefaçon sanctionnée par les articles L. 335-2 et suivants du Code de la propriété intellectuelle.

www.editions-ellipses.fr

Chapitre 1

Mathémagie des dés et des dominos

Buatier de Kolta et sa femme présentent le *Dé grossissant* dans lequel une femme apparaîtra. Scène de l'*Eden Museum* de New-York en 1902

Le dé grossissant de Buatier de Kolta

Parmi les illusionnistes de la fin du 19e siècle, Buatier de Kolta (1847-1903) est l'un des plus inventifs. Au cours de ses spectacles, il ne présentait que des tours de son invention. Les magiciens de nos jours lui sont redevables des cages qui apparaissent avec des oiseaux à l'intérieur ou qui disparaissent tout aussi mystérieusement. La disparition d'une femme assise sur une chaise est également l'une de ses créations. Mais la dernière de ses inventions, le *Dé grossissant*, dans lequel apparaît une femme, le rendit universellement célèbre.

Né en 1847, à Caluire-et-Cuire, près de Lyon, il se nommait Joseph Buatier. Après quelques années passées au Petit Séminaire de Saint-Jodart, dans la Loire, Buatier délaissa l'illusion divine pour celle plus diabolique de l'illusionnisme. Son association avec un noble d'origine hongroise, De Kolta, allait lui permettre de devenir l'un des grands maîtres de la magie blanche de son époque. Joseph Buatier associa à son nom celui de son impresario.

La première représentation du *Dé grossissant* eut lieu à Paris, le 5 avril 1902, au Five o'clock du *Figaro*. Buatier de Kolta fit une tournée à travers les Etats-Unis après une série de soirées triomphales durant six mois à l'*Eden Museum* de New-York. Il meurt le 7 octobre 1903 à la Nouvelle-Orléans des suites d'une néphrite aiguë.

La description de son numéro du *Dé grossissant* est donnée, par exemple, dans la revue *Le Magicien* :

Buatier de Kolta entre en scène, tenant à la main une minuscule valise, dans laquelle, dit-il, se trouve... sa femme. De la mallette, il sort un dé à jouer (noir avec des points blancs) d'une quinzaine de centimètres de côté. Il dépose ce dé sur une légère table qui est à jour. Un coup de baguette magique, et le dé grossit à vue d'œil jusqu'à mesurer 80 centimètres de côté. On enlève le cube et — dessous — se trouve Madame de Kolta, assise comme un Turc, les jambes croisées.

Les détails de la fabrication de ce fameux cube sont donnés dans l'ouvrage de Peter Warlock [War1] et nous en reprenons quelques aspects généraux. Le cube est formé d'une enveloppe en soie noire sur laquelle sont cousus des points blancs de même tissu. À l'intérieur de cette enveloppe se trouve une armature de tiges télescopiques, équipées de ressorts à boudin, le tout gainé de soie. La traction par des sangles sur chacun des angles du cube permet de le réduire à son volume initial qui est très faible. La libération de cette traction permet au cube de se dilater sous l'action des ressorts.

La face arrière du dé est formée, quand il est déplié, par un carré de soie flottant par lequel viendra se glisser la femme dans le cube après déploiement. Buatier de Kolta et son assistante soulèvent alors le dé et découvrent la femme qui s'est installée à l'intérieur.

Après la mort de Buatier, le célèbre illusionniste Houdini acquit le dé grossissant. D'autres dés furent fabriqués par la suite mais on peut regretter que cette illusion ne soit plus présentée de nos jours par les magiciens.

Pour faire les tours qui suivent, il n'est heureusement pas besoin d'un dé qui grossit mais simplement de dés à jouer ordinaires. Ils ont la forme d'un cube dont les arêtes possèdent un biseau arrondi afin de pouvoir rouler plus facilement.

Les faces sont numérotées de un à six. Traditionnellement, la somme des nombres situés sur deux faces opposées est égale à sept. Cette particularité, plus ou moins ignorée de la plupart des gens, va être utilisée pour certains tours.

En général, les faces numérotées un, deux et trois se touchent en un sommet du dé. Deux possibilités s'offrent dans ce cas : soit ces trois faces sont

placées dans le sens de rotation des aiguilles d'une montre autour de ce sommet, soit dans le sens inverse. La photo ci-contre montre un dé dont la numérotation, 1, 2, 3, est faite dans le sens de rotation des aiguilles d'une montre. Cette situation permet de repérer la position des autres faces.

Il est remarquable que les jeux de dés soient très anciens. Ils remontent au minimum au troisième millénaire avant Jésus-Christ. Les premiers dés dont on a eu connaissance furent en effet retrouvés dans des tombes royales sumériennes datant de cette époque. On jouait aux dés dans la Rome impériale dans des salles spécialement destinées aux jeux de dés.

Un nombre prédit qui tombe pile

La plupart des tours mathématiques de dés utilisent le fait que la somme de deux faces opposées est égale à 7. Cependant, les meilleurs tours utilisent cette propriété de manière très subtile de telle sorte qu'elle passe inaperçue de la grande majorité des spectateurs.

Ce que voient et entendent les spectateurs

Le magicien présente trois dés à jouer à un spectateur en le priant d'en prendre bien soin car ils sont en ivoire, taillés dans une défense de mammouth. « Dans l'Antiquité, dit le magicien, les dés servaient aux devins pour prédire l'avenir et ces dés permettent de dévoiler l'un de vos « nombres de chance » pour gagner au tiercé. Avec des runes mathémagiques, j'ai fait une prédiction qui, si elle coïncide avec le nombre que vous allez trouver grâce à ces trois dés, devrait confirmer l'exactitude de votre nombre existentiel de chance. »

Le magicien montre au spectateur comment il doit procéder. Il jette les trois dés ensemble sur une table et en fait une pile en les posant les uns sur les autres dans le sens où ils sont tombés sur la table. Puis le magicien tourne le dos et demande au spectateur de lancer les dés et d'en faire une pile. Ensuite, il lui demande d'additionner les valeurs des points qui se trouvent sur les deux faces en contact entre les deux dés situés en haut, puis d'additionner de même les valeurs entre les faces des dés qui sont en contact dans la partie inférieure. Enfin, le spectateur doit faire la somme des deux résultats précédents, puis ajouter à cette somme la valeur des points situés sous le dé inférieur en contact avec la table. Le spectateur inscrit ces additions sur une feuille de papier et garde secret le résultat final.

Le spectateur reforme la pile et le magicien lui demande de cacher cette pile sous un gobelet opaque ou un foulard. Le magicien sort alors de sa poche un petit sac contenant les runes mathémagiques et demande à un autre spectateur de compter le nombre de runes contenues dans le sac. Ce nombre, prédit à l'avance par le magicien, confirme précisément le « nombre de chance » que le destin a dévoilé au spectateur par le truchement des dés.

Matériel nécessaire et préparation

1. Trois dés à jouer
2. Un gobelet ou un quelconque accessoire pour cacher la pile de dés.
3. Une feuille de papier et un engin pour écrire.
4. Un petit sac dans lequel vous placez les runes ou autre jetons à votre gré. Vous mettez 20 runes dans le sac et, ainsi rempli, vous le mettez dans l'une de vos poches. Le sac doit avoir la partie supérieure ouverte de telle sorte que vous puissiez enlever aisément et invisiblement un certain nombre de runes.

Le travail caché du magicien

Lorsque le spectateur a fini ses additions et a remis en place la pile de dés, vous vous tournez légèrement pour demander si la pile est bien en place et pour donner le gobelet afin de cacher la pile. En vous tournant, vous devez prendre connaissance du nombre de points figurant sur la partie supérieure de la pile de dés.

Connaissant ce nombre, vous devez alors enlever invisiblement un certain nombre de runes qui se trouvent dans le sac. Le nombre de runes à enlever, et à laisser dans votre poche, est égal à la valeur, moins 1, du nombre de points du dé supérieur dont vous avez pris discrètement connaissance.

Supposons, par exemple, que le nombre de points figurant sur le dé du haut de la pile soit égal à 5. Vous enlevez 4 (soit 5 moins 1) runes du sac. Il en reste donc 16, ce qui correspond précisément au total final des additions du spectateur.

Comment ça fonctionne ?

Le total des points des trois paires de faces opposées des dés est égal à 21. Mais le spectateur n'a additionné que les points de 2 paires de faces opposées, celles des deux dés inférieurs de la pile, ainsi que les points de la face inférieure du dé qui se trouve en haut de la pile.

Le spectateur n'a donc pas ajouté à son total le nombre de points figurant sur la face supérieure du dé situé en haut de la pile. Supposons que ce nombre soit égal à 5, il doit donc trouver pour résultat final : $21 - 5 = 16$.

De manière générale, si on appelle A le nombre de points du haut de la pile, le total calculé par le spectateur sera égal à : $(21 - A)$. Pour $A = 1$ on aura un maximum égal à 20 ; pour $A = 6$, le minimum sera de 15.

Si vous mettez 20 runes dans votre sac, vous aurez seulement de 0 à 5 runes à enlever discrètement de votre sac, lorsque le nombre de points du dé supérieur variera de 1 à 6.

Il faut bien noter que le principe utilisé, à savoir la somme des points des faces opposées égale à 7, est parfaitement caché. En faisant effectuer les additions des faces en contact des dés, le spectateur ne trouvera pas automatiquement le nombre 7. De plus, en n'additionnant pas les points de la face supérieure, il ne trouvera pas toujours la même valeur finale, alors qu'en effectuant la somme des points des faces opposées des trois dés, il obtiendrait toujours 21, multiple de 7.

Le tirage mystérieux des trois dés

Ce que voient et entendent les spectateurs

« Bien avant de savoir faire des additions avec des chiffres, l'homme s'est contenté d'additionner des cailloux » dit le magicien en présentant trois dés à jouer aux spectateurs. Comme les cailloux sont lourds et durs à casser, on peut les remplacer par des symboles : des points sur des dés par exemple.

En donnant les trois dés à un spectateur, ou une spectatrice qui sache faire des multiplications, le magicien leur remet également un crayon et un papier en leur précisant qu'il vont devoir faire des opérations extrêmement difficiles. Il lui demande ensuite de jeter ensemble les trois dés lorsqu'il aura tourné le dos aux spectateurs. Lorsque les trois dés sont jetés, le magicien demande au spectateur de noter les trois nombres donnés par les dés et de se les répéter mentalement, puis de cacher les dés en les recouvrant avec un foulard qu'il fait apparaître.

Le magicien demande ensuite au spectateur que le nombre des points du premier dé soit additionné avec lui-même, puis d'ajouter 7 au résultat, et enfin de multiplier par 5 le total ainsi obtenu.

On ajoute ensuite au résultat obtenu la valeur des points du deuxième dé et le résultat est multiplié par 10. Enfin, le nombre de points du troisième dé est ajouté au résultat précédent.

Le magicien demande alors au spectateur de lui communiquer le résultat final. Le spectateur doit impérativement projeter mentalement dans l'espace-temps les nombres obtenus aléatoirement par les dés. Le magicien, après quelques simagrées spatio-temporelles, annonce immédiatement les trois nombres que le plus grand des hasards a fait tomber du ciel.

Matériel nécessaire et préparation

1. Trois dés à jouer.
2. Un papier et un crayon.
3. Un foulard. Vous pouvez éventuellement vous débrouiller pour le faire apparaître magiquement mais pour cela il faut bosser. Si vous avez la flemme, ce n'est pas indispensable pour la bonne réussite du tour.

Le travail caché du magicien

Pour déterminer les trois chiffres donnés par les dés, il vous suffit de soustraire 350 du résultat final annoncé par le spectateur. Le nombre restant est composé avec les trois chiffres donnés par les dés.

Prenons, par exemple, les chiffres suivants : 2, 5, 3. L'addition du premier chiffre avec lui-même donne 4, puis en ajoutant 7, on obtient 11 ; en multipliant ce dernier chiffre par 5, il vient 55. Puis, en ajoutant le chiffre suivant 5, et en multipliant par 10, on obtient 600. Enfin, le dernier chiffre 3 est ajouté, d'où le résultat final : 603. Enlevez 350 à 603, il reste : 253. Ce sont bien les trois chiffres donnés par le tirage au hasard des trois dés.

Comment ça fonctionne ?

Cela fonctionne tout seul. Si A, B, C sont les trois chiffres donnés lors du lancement des trois dés, on aura la suite des résultats suivants :

$A + A = 2A$; en ajoutant 7, on obtient $[(2 \times A) + 7]$; puis en multipliant par 5, il vient : $[(10 \times A) + 35)]$. Ajoutons le chiffre B suivant, cela donne : $[(10 \times A) + 35 + B)]$; multiplions ce dernier chiffre par 10, on obtient : $[(100 \times A) + 350 + (10 \times B)]$. Ajoutons enfin le chiffre C, il vient : $[(100 \times A) + 350 + (10 \times B) + C)]$. Si l'on retranche 350 de ce dernier résultat, on obtient finalement :

$$(100 \times A) + (10 \times B) + C$$

Puisque les lettres A, B, C sont des chiffres, de 1 à 6, le nombre écrit ci-dessus donne les centaines, puis les dizaines et les unités. Il s'écrit donc : ABC. Ce sont précisément les chiffres obtenus lors du tirage par le spectateur.

Descartes joue avec des cartes et des dés

Ce que voient et entendent les spectateurs

Au Paradis, Descartes va voir Einstein pour discuter avec lui de l'avenir de l'Univers. Il le trouve en train de jouer aux dés avec Dieu. Descartes qui est un magicien de talent propose alors à Einstein et à Dieu de leur faire un tour de cartes car il a toujours sur lui des cartes à jouer.

Tournant le dos à ces spectateurs improvisés, le magicien Descartes demande à Einstein de lancer trois dés sur la table et d'additionner les points des faces supérieures. Einstein qui n'est pas très fort en mathématiques demande à Dieu de faire l'addition. Le magicien donne alors son jeu de cartes à Einstein et il lui demande de faire une pile de cartes, faces en bas, en prenant les cartes une à une à partir du dessus du jeu avec les faces en bas. Cette pile doit comporter un nombre de cartes égal au total des points de l'addition que Dieu vient de faire pour le compte d'Einstein.

Le magicien Descartes demande alors à Einstein de prendre connaissance des points qui figurent sur les faces en contact avec la table de deux dés, de faire le total de ces deux chiffres, et de distribuer sur la pile de cartes déjà constituée, un nombre de cartes égal au total de ces deux chiffres. Puis Einstein doit mettre les deux dés dont il vient de se servir dans sa poche afin que Dieu ne risque pas de mélanger les dés subrepticement.

Le magicien Descartes se retourne alors et jette un coup d'œil à la face supérieure du dé resté sur la table ; c'est celui dont la face inférieure n'a pas été utilisée. Il demande alors à Einstein de prendre en main la pile de cartes formée précédemment et de former ainsi une deuxième petite pile de cartes, faces en bas sur la table. Puis, Descartes demande de poser les cartes qui restent dans les mains d'Einstein à côté de la pile précédente. Il y a ainsi deux petites piles de cartes faces en bas et côte à côte.

Descartes retourne alors les deux cartes supérieures de chacune des piles en rappelant qu'il *pense*, donc qu'il *est* le plus grand magicien de tout le Paradis ; il ajoute même perfidement que Buatier de Kolta n'a jamais été un inventeur de tours de cartes. Alors que lui est un As des cartes et même quadruplement un As : les quatre cartes retournées sont précisément les quatre as.

Matériel nécessaire et préparation

1. Un jeu de 32 ou 52 cartes.
2. Trois dés à jouer.
3. Une table pour lancer les dés et poser les piles de cartes.

Préparation

Descartes — donc vous le magicien — avait préparé son jeu à l'avance en plaçant les 4 As en 13e, 14e, 15e et 16e positions à partir du dessus du jeu faces en bas. Le jeu comporte donc 12 cartes quelconques au-dessus des 4 As, jeu faces en bas.

Le travail caché du magicien

Le magicien n'a rien à faire. C'est un tour automatique lorsque la préparation du jeu a été faite.

Cela fonctionne donc tout seul puisque le magicien utilise toujours le fameux principe de la somme des points des faces opposées des dés qui est égale à 7 mais ce chiffre n'apparaît à aucun moment. Voyons comment ça marche.

Comment ça fonctionne ?

Appelons A, B, C les chiffres tirés au hasard par les trois dés. La première pile comportera d'abord $(A + B + C)$ cartes. Pour les deux premiers dés choisis par le spectateur, les points situés en contact avec la table sont respectivement égaux à $(7 - A)$ et $(7 - B)$. Le total de ces deux chiffres est égal à $(14 - A - B)$. Le spectateur pose donc sur la première pile $(14 - A - B)$ cartes.

Cette pile comporte donc $(A + B + C) + (14 - A - B) = (14 + C)$ cartes. Les dés comportant les chiffres de tirage A et B sont mis dans la poche du spectateur.

Puis vous prenez connaissance du nombre de points du dé restant, soit C. Le spectateur enlève C cartes de la première pile pour former la deuxième pile. Il ne reste donc que 14 cartes dans la première pile. La seconde pile a C cartes.

Tous les tirages donnent donc une première pile finale de 14 cartes. Puisque deux As se trouvent au début en 13e et 14e positions, et par suite du mode de fabrication de la pile, ces deux As se trouvent sur le dessus de la première pile.

De même, puisque les deux autres As étaient en 15e et 16e positions, et par suite de la méthode de formation de la deuxième pile, ces deux As se trouvent également sur le dessus de la seconde pile de cartes.

Il ne vous reste donc plus qu'à retourner les As face en haut tout en félicitant chaudement le spectateur pour son tirage mathémagique avec les trois dés. Ou bien faire applaudir Descartes à titre posthume.

Attention, si le troisième dé qui reste sur la table a fait un tirage tel que $C = 1$, la seconde pile n'aura qu'une seule carte, l'As qui était en 16e position. Vous pouvez faire remarquer que pour le dé qui a tiré 1 point, on dit aussi qu'il a tiré l'As, et vous retournez alors la carte, montrant aussi un As. Les trois autres As se trouvent sur le dessus de la première pile.

Le domino subtilisé

Les dominos ont été peu utilisés pour faire des tours car le nombre de possibilités est limité. Avec des dominos truqués, elles peuvent être plus variées.

Ce que voient et entendent les spectateurs

Le magicien sort une boîte de dominos ; il renverse le contenu sur une table et demande à deux spectateurs de se concentrer sur les nombres de points qui sont apparents. Le magicien fait quelques passes au-dessus des dominos, prétendant influencer les spectateurs sur leurs choix des dominos. Puis, prenant une feuille de papier, il écrit une prédiction. Il plie la feuille et la pose bien en vue sur la table.

Il demande ensuite aux deux spectateurs de mettre les dominos en ligne en les plaçant les uns après les autres selon la méthode classique utilisée par les joueurs, à savoir, faire coïncider le nombre de points de chaque domino avec celui qui le précède.

Lorsque les spectateurs ont placé le nombre maximum de dominos selon cette méthode, les dominos forment une ligne avec naturellement des changements de direction à angle droit afin que la suite des dominos ne prenne pas trop de place. Il restera en général quelques dominos qui ne peuvent être mis à aucun bout de la suite.

Le magicien prie alors l'un des spectateurs de lire la prédiction qu'il a écrite sur la feuille de papier. Cette prédiction donne les deux nombres de points des dominos qui terminent la suite réalisée par les spectateurs sous l'influence hypnotique du magicien.

Matériel nécessaire et préparation

1. Un jeu complet de 28 dominos.
2. Un papier et de quoi écrire.
3. Une table pour étaler les dominos.

La préparation consiste simplement à subtiliser l'un des dominos avant de les étaler sur la table. Il faut choisir un domino dont les deux nombres de points sont différents.

Le travail caché du magicien

Lorsque la préparation est faite, le magicien n'a plus rien à faire. Le tour est automatique. Le magicien devra cependant préciser qu'il ne faut pas bloquer le jeu. Ce serait le cas si au cours de l'assemblage des dominos, tous les dominos portant quatre points d'un côté, par exemple, ont été utilisés ; ils peuvent bloquer la progression si les « quatre » se retrouvent aux deux extrémités de la ligne. Ce cas de figure peut être le fait du hasard, ou bien être volontaire si l'un des spectateurs est un habitué du jeu de dominos. Le magicien doit alors intervenir.

Pour recommencer le tour, il faut remettre le domino précédemment subtilisé et le remplacer par un autre. Les chiffres seront alors différents et les spectateurs vous prendront pour un vrai magicien.

Comment ça fonctionne ?

Le nombre total de dominos est de 28. Le classement des dominos en commençant par les doubles et en partant du nombre de points le plus élevé : 7 dominos commençant par 6 points ; 6 dominos commençant par 5 points ; 5 dominos commençant par 4 points ; 4 dominos commençant par 3 points ; 3 dominos commençant par 2 points ; 2 dominos commençant par 1 point ; 1 domino double zéro. On obtient bien un total de 28 dominos.

En effectuant un rangement en ligne des 28 dominos suivant la manière classique, on obtiendra toujours aux deux extrémités les mêmes nombres. En enlevant un domino, celui-ci s'appareillera donc automatiquement avec les deux nombres situés aux extrémités.

Les chiffres qui permutent

Ce que voient et entendent les spectateurs

Le magicien montre quatre cubes sur lesquels sont inscrits différents chiffres sur les 6 faces : 0, 1, 2, 3, 4, etc. Ces cubes peuvent être empilés dans une structure tubulaire verticale, de section carrée, dont une des faces est transparente, le bas étant fermé et le haut ouvert. Les cubes sont glissés, par le haut qui est ouvert, dans cette sorte de boîte, dans l'ordre 1, 2, 3, 4, à partir du bas, ainsi que le montre la photo ci-contre. Les cubes ne peuvent donc par sortir de la boîte autrement que par le haut.

La boîte contenant les cubes est posée verticalement sur une table et les spectateurs voient l'empilement des cubes. Le magicien prend un foulard et recouvre la boîte contenant les cubes. Il prononce la formule magique, « abracadabra », qui va lui permettre, dit-il, de faire passer le 4 en bas, à la place du 1 et réciproquement. Un éclair jaillit et le magicien annonce que le 4 s'est volatilisé et a pris la place du 1, alors que le 1 s'est mis à la place du 4. Le magicien ne montre cependant pas que le « miracle » s'est accompli. Pour le remettre en place, enchaîne-t-il, il suffit de réciter la formule magique à l'envers, « arbadacarba ». Nouvel éclair magique et le magicien enlève le foulard pour montrer que le 4 est bien revenu à sa place.

Le public proteste en disant que, en réalité, rien n'a bougé. Le magicien reprend le foulard. Prononce une nouvelle fois la fameuse formule magique. Après un nouvel éclair, le foulard est enlevé et le 4 se trouve en bas, à la place du 1 et le 1 se trouve à la place du 4. Nouvelle incantation, et le 1 et le 4 sont revenus à leur place d'origine. Remettant le foulard en place, il permute ensuite le 3 et le 1 tout aussi magiquement et le montre au public.

Le magicien enlève les cubes de la boîte en les faisant glisser par le haut afin de montrer qu'ils sont toujours intacts bien qu'ils aient été volatilisés au cours de leurs permutations.

Le magicien remet ensuite les cubes avec des faces différentes. Il place un 0 en partie inférieure, puis un 8, ensuite un 2, puis un autre 0. Les cubes sont donc

Comment ça bouge ?

dans l'ordre suivant, en partant du bas : 0, 8, 2, 0. Il demande au public qu'elle est l'année où les jeux olympiques ont eu lieu à Pékin. C'est l'année 2008. Il faut donc remettre les chiffres dans l'ordre. Le magicien annonce que le 2 va faire un saut périlleux par-dessus le 8 et le zéro pour occuper la place inférieure. Nouveau transport magique ; l'ordre des cubes est alors le suivant, en partant du bas : 2, 0, 8, 0. Ce n'est pas encore la bonne date, dit le magicien. Prenant la boîte horizontalement et la recouvrant d'un foulard, après une nouvelle incantation, le magicien montre que les cubes se sont mis en place de telle sorte que le public lit, de gauche à droite, horizontalement, la bonne date : 2 008. Il retire ensuite les cubes qui comportent bien les chiffres vus précédemment.

Matériel nécessaire et préparation

1. Quatre cubes en bois ou en carton. Des cubes de 7 à 8 centimètres d'arête sont suffisants pour une présentation à un public assez nombreux. Des chiffres de grande taille sont inscrits sur chacune des faces de ces cubes. Les cubes doivent être numérotés par vous-même car ils n'existent pas chez les marchands de tours.

Les chiffres inscrits sur les faces dépendent de la présentation que vous voulez faire. La présentation précédente n'est en effet qu'un exemple que vous pouvez adapter à autre chose que des chiffres. Vous pouvez avoir des dessins d'animaux qui permutent entre eux, des cartes, des personnages, etc.

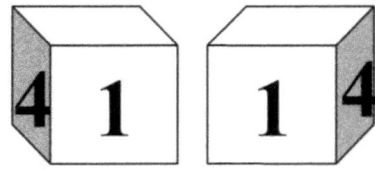

Pour la présentation décrite, vous devez avoir un cube sur lequel sont inscrits les chiffres 4, 1, 4, sur trois faces adjacentes, ainsi que le montre le dessin ci-contre du même cube vu sous deux angles différents. Un deuxième cube comportera les chiffres 1, 4, 3 sur trois faces adjacentes. Un troisième cube aura les chiffres 3, 3 et 1 sur trois faces adjacentes, et un quatrième 2, 2 et 1 sur trois faces adjacentes. Ces quatre cubes permettent de réaliser les trois premières permutations du tour ainsi qu'on le verra par la suite.

En ce qui concerne les permutations afin d'obtenir le nombre 2008, il faut utiliser les quatre mêmes cubes en écrivant correctement les chiffres nécessaires. On remarque que les numérotations précédentes laissent sur chacun des cubes, trois faces adjacentes libres. Par exemple, sur le dessin du cube ci-dessus, on a les faces supérieure et inférieure, pour l'instant sans chiffre, adjacentes à la face opposée à celle portant le chiffre 1.

Pour effectuer les permutations aboutissant à 2 008 décrites précédemment, les quatre cubes auront les nombres suivants écrits sur trois faces adjacentes, dans l'ordre donné par la figure précédente, à savoir : 2, 0, *2* ; 8, 8, *0* ; 0, 2, *0* ; 0, 0, *8*. Les chiffres en italique doivent être écrits selon un axe décalé de 90°, par rapport aux chiffres figurant sur les deux autres faces, si l'on veut qu'ils soient lus horizontalement.

Il y a en tout 24 faces pour quatre cubes. Toutes les faces sont numérotées. Vous pouvez évidemment imaginer d'autres types de permutations et numéroter les cubes en conséquence.

2. Une boîte que vous devez fabriquer vous-même car elle n'existe pas encore sur le marché. La forme générale est un tube cylindrique, de section carrée, dont les dimensions intérieures permettent de faire glisser dedans les cubes numérotés. La figure ci-contre décrit une vue d'une section droite de ce tube.

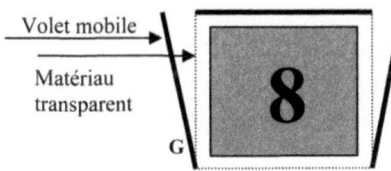

Trois faces sont formées d'un matériau transparent, genre plexiglas. La face arrière est fixe par rapport au tube transparent. Deux volets mobiles occultent les côtés ; ils peuvent se rabattre complètement sur la face transparente avant adjacente. Le dessus d'un cube, glissé dans le tube, est représenté portant le chiffre 8 ; la face verticale de ce cube, portant, par exemple, le chiffre 4, est vue par le public à travers la face avant.

L'ensemble est fixé, pour sa partie inférieure, sur une base carrée, en bois par exemple. Pour que l'ensemble soit suffisamment solide, il faut que le matériau transparent soit assez épais. Une armature métallique couronne la partie supérieure, permettant de fixer un axe de rotation pour chaque volet mobile, l'axe inférieur tournant sur la base. Ces volets sont évidemment en un matériau opaque, comme la face arrière. Un couvercle carré peut être ajouté lorsque les cubes ont été glissés dans le tube.

3. Un foulard suffisamment grand, tenu avec une vraie et une fausse main, pour occulter entièrement le tube contenant les cubes.

4. Un guéridon ou une petite table pour poser le tube et les cubes.

Le travail caché du magicien

Vous pouvez faire examiner les cubes qui sont sans mystère. Par contre, le tube sera seulement montré vide en tenant les volets mobiles plaqués contre les côtés transparents. Vous glissez un cube à l'intérieur et vous le ressortez en le faisant glisser en sens inverse, afin de bien montrer la vacuité du tube.

Un système de blocage des volets peut être ajouté, permettant de donner le tube à examiner au public. Il faut que le blocage soit suffisamment astucieux pour ne pas pouvoir être déclenché par un spectateur soupçonneux et perspicace.

La présentation du tour commence avec les volets plaqués sur les côtés, face avant transparente. Pour les permutations décrites dans la présentation, et avec des cubes numérotés en fonction de celle-ci, vous glissez les cubes dans l'ordre suivant : cube portant les chiffres 4, 1, 4, le chiffre 1 étant visible ; cube portant les chiffres 2, 2 et 1, le 2 étant visible ; cube portant les chiffres 3, 3 et 1, chiffre 3 visible ; cube portant les chiffres 1, 4, 3, chiffre 4 visible. Les cubes sont ainsi empilés dans le tube, le public lisant, de bas en haut, les chiffres 1, 2, 3, 4. Un couvercle est ajouté sur le tube afin de bien convaincre le public de la difficulté de déplacer les cubes.

Le travail du magicien consiste alors à faire pivoter et rabattre sur la face avant, le volet mobile gauche, noté G sur le schéma précédent, en étant caché par le foulard. Il faut également faire pivoter d'un quart de tour l'ensemble du tube afin de montrer au public le côté transparent dévoilé par le pivotement du volet.

La méthode du foulard tenu avec une fausse main est sans doute la plus convaincante. Le foulard, tenu par une main et une autre qui est fausse, est agité devant le tube posé sur la table. Pendant ce temps, votre deuxième main opère à la fois le pivotement du tube et la rotation du volet, un petit ergot planté sur la partie supérieure du volet facilitant le mouvement.

Lorsque vous enlevez le foulard, le public voit le côté transparent gauche. Les cubes font alors apparaître, en partant du bas, les chiffres suivants : 4, 2, 3, 1. Pour le public, les cubes portant les chiffres 1 et le 4 ont « permuté ». En agitant de nouveau le foulard devant le tube, vous faites les manœuvres inverses qui permettent de retrouver l'ordre de départ. La permutation entre le 3 et le 1 s'effectue de façon analogue mais en manipulant le volet droit.

Vous enlevez ensuite les cubes en les faisant glisser hors du tube. Vous replacez les cubes dans l'ordre : 0, 8, 2, 0. Toujours armé de votre foulard, vous faites des manipulations analogues à celles décrites précédemment. La date 2008 apparaît avec les chiffres écrits correctement en mettant le tube horizontalement.

Des dés mélangés se rangent en bon ordre

Ce que voient et entendent les spectateurs

Le magicien enlève le couvercle d'une petite boîte rectangulaire dans laquelle se trouvent cinq dés, rangés côté à côte. Il renverse les dés sur la table et il les donne à examiner. Il remet les dés dans la boîte dans un ordre quelconque, ainsi que le montre la photo ci-dessous, puis ferme la boîte en reposant le couvercle dessus.

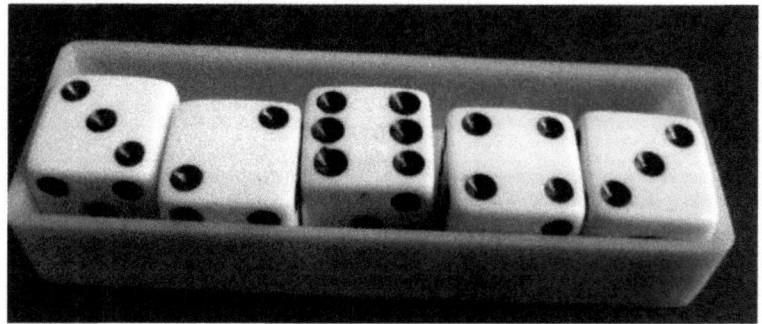

Le magicien prend la boîte en main et l'agite doucement, en prononçant naturellement quelques paroles cabalistiques adéquates. Si chaque dé est sous les ordres d'un démon du jeu, le magicien ordonne à chaque démon de remettre les dés dans l'ordre numérique. Après un ordre bref, il fait faire un petit mouvement brusque à la boîte et ouvre le couvercle. Les dés se trouvent alors dans l'ordre numérique suivant : 1, 2, 3, 4, 5.

Il jette ensuite les dés sur la table et demande à un spectateur de choisir un chiffre entre 1 et 5. Le spectateur choisit 5, par exemple. Le magicien replace alors les dés dans la boîte dans un désordre quelconque ; il referme la boîte, la reprend en main et commande aux démons des jeux de faire apparaître tous les 5 ensemble. Le magicien secoue la boîte ; il l'ouvre et les cinq dés montrent effectivement le 5 sur leurs faces supérieures.

Matériel nécessaire et préparation

1. 5 dés à jouer.
2. Une boîte spéciale permettant aux dés de tourner sur eux-mêmes lorsque le magicien donne un brusque mouvement à la boîte.

La partie inférieure de la boîte doit être suffisamment large pour permettre cette rotation des dés à l'intérieur même de la boîte. La photo ci-dessus montre qu'il existe un certain espace vide qui va permettre le mouvement de chaque dé. La largeur de la boîte doit être celle d'un dé plus les deux tiers de la largeur d'un dé. La longueur de la boîte doit être légèrement supérieure à l'espace nécessaire pour loger les cinq dés afin qu'ils puissent tourner librement à l'intérieur de la boîte.

Le couvercle de la boîte comporte à l'intérieur une bordure (selon la photo ci-dessous) qui s'appuie sur le bord de la partie inférieure de la boîte lorsqu'on pose le couvercle dessus. Un espace vide se trouve ainsi au-dessus des dés, espace qui autorise la rotation des dés. En tournant autour de l'une de leurs arêtes, les dés doivent en effet avoir une place au moins égale à leur diagonale.

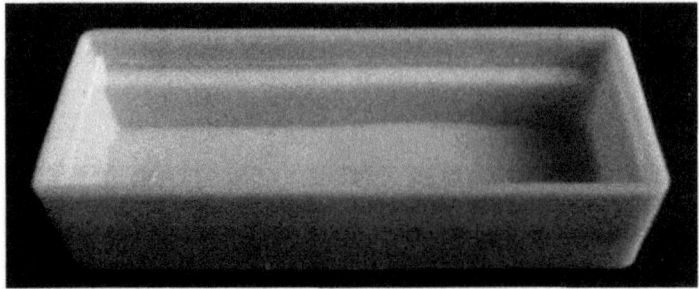

Une telle boîte peut être réalisée en bois, en adaptant les dimensions aux dés utilisés. Ce tour est commercialisé avec seulement cinq dés et les photos précédentes montrent ce modèle. Vous pouvez naturellement fabriquer une boîte pour six dés ce qui devrait permettre d'avoir un meilleur effet.

Le travail caché du magicien

Lorsque, la première fois, vous remettez les dés dans la partie inférieure de la boîte, vous devez faire en sorte que les dés se trouvent bien dans l'ordre numérique, non pas selon leurs faces supérieures mais selon leurs faces de côté. Si, dans votre main, les faces supérieures sont horizontales, les faces qui seront dans l'ordre numérique sont verticales.

La photo ci-dessus montre un exemple d'arrangement. Les faces supérieures des dés sont dans le désordre alors qu'on voit que les faces verticales sont bien rangées dans l'ordre numérique, de droite à gauche : 1, 2, 3, 4, 5. Vous devez donc réaliser une disposition de ce genre en cachant en partie les côtés verticaux. Vous posez ensuite le couvercle sur la base de la boîte contenant les dés. Vous voyez ainsi que lorsqu'un dé effectue une rotation autour de l'axe formé par l'arête opposée au chiffre porté par la face verticale, ce chiffre va se retrouver situé en partie supérieure, vue par le public. Sur la photo précédente, prenons le cas du dernier dé à gauche ; en pivotant le 5 va remplacer le 3 qui était apparent.

Pour faire pivotez tous les cinq dés simultanément à l'intérieur de la boîte, différentes techniques sont possibles. Celle que j'ai mise au point est très vite acquise et réussit à tous les coups. La main droite saisit la boîte, tenue horizontalement, entre le pouce posé sur le couvercle et les autres doigts passant sous la boîte.

Vous secouez légèrement la boîte pour demander aux gentils démons de ranger les dés dans l'ordre numérique. Tout en racontant votre histoire, vous faites pivoter lentement la boîte autour de son axe longitudinal. Le couvercle, soutenu par le pouce, va ainsi se trouver en partie inférieure et les dés vont glisser dans le couvercle en pivotant d'un quart de tour. Puis vous rabattez un peu rapidement la main dans la position initiale, le couvercle vers le haut. Les dés vont faire à l'intérieur de la boîte un demi tour. Finalement les dés auront fait chacun trois quarts de tour sur eux-mêmes.

Reprenons l'exemple de la disposition des dés figurant sur la photo de la page précédente. Après avoir mis le couvercle, vous prenez la boîte dans la main droite, les faces qui sont dans l'ordre numérique se trouvant face au public. Autrement dit, le 1 se trouve à votre gauche et le 5 à droite. En effectuant les mouvements décrits ci-dessus, les faces classées dans l'ordre numérique se retrouvent automatiquement en faces supérieures lorsque vous ouvrez la boîte.

Si vous refaites les mêmes mouvements, les dés classés vont se retrouver en position verticale. Pour les refaire passer de nouveau avec leurs faces supérieures visibles, il vous faudra retourner la boîte de façon que les faces classées des dés soient toujours face au public.

Lors de la deuxième partie de votre démonstration, un spectateur choisit, par exemple, le chiffre 5. Vous jetez les dés sur la table, puis vous les remettez dans la boîte de telle sorte que toutes les faces 5 soient verticales, d'un même côté de la rangée, les faces supérieures étant dans le désordre (photo ci-dessous). Pour faire apparaître la rangée des faces 5 identiques, les mouvements sont les mêmes que ceux effectués pour les dés classés dans l'ordre numérique.

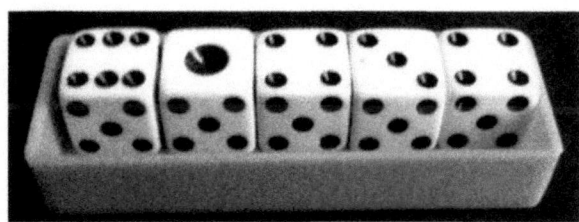

Des dominos se déplacent

Ce que voient et entendent les spectateurs

Le magicien étale 13 dominos, face contre la table, en les posant côte à côte en une seule rangée. Il montre à un spectateur la manière de déplacer ces dominos en les prenant un à un à gauche de la rangée et en les posant un à un à droite de celle-ci.

Il en déplace ainsi deux ou trois. Il demande ensuite au spectateur de déplacer le nombre de dominos qu'il voudra en suivant la méthode de déplacement qu'il vient de montrer sans que le magicien connaisse ce nombre.

Le magicien tourne alors le dos ou bien passe dans une autre pièce. Lorsque le spectateur a terminé, on appelle le magicien. Ce dernier retourne un domino. La somme des points de ce domino correspond précisément au nombre de dominos déplacés par le spectateur. Le tour est répété plusieurs fois de suite avec succès.

Matériel nécessaire et préparation

1. Une boîte complète de dominos.

La préparation consiste à arranger dans la boîte les dominos de telle façon qu'en les sortant un à un, et en les posant retournés sur la table, vous obteniez la suite du nombre des points ordonnés de 1 à 12, de gauche à droite. Le treizième domino à droite est le double zéro.

Le choix des dominos est arbitraire pourvu que le nombre de points de chaque domino donne la suite : 1, 2, 3, 4, 5, 6, 7, 8, 9, 10, 11, 12, 0. Les dominos peuvent donc être ordonnés dans la boîte, dos en l'air, et vous les prenez un par un dans l'ordre prévu d'avance.

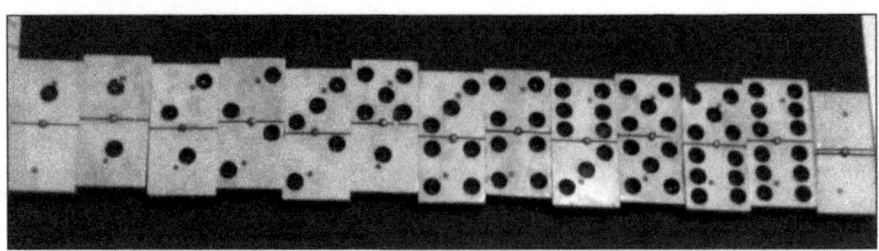

Le travail caché du magicien

Après avoir disposé les dominos dans l'ordre ci-dessus, faces contre la table, vous déplacez un à un, de la gauche vers la droite, 3 dominos que vous posez à droite. L'arrangement des dominos est alors le suivant :

4, 5, 6, 7, 8, 9, 10, 11, 12, 0, 1, 2, 3

Après avoir déplacé trois dominos, en sortant de la pièce, vous vous rappelez le nombre de points du dernier domino situé à gauche. Il s'agit du domino correspondant au nombre 4. C'est votre nombre « clé », soit 3 + 1.

Lorsque le spectateur a déplacé un certain nombre de dominos de gauche vers la droite, vous revenez dans la pièce. Vous comptez mentalement 4 dominos en partant de la droite et vous retournez celui qui correspond à ce nombre. Le nombre de points du domino retourné indique exactement le nombre de dominos déplacés par le spectateur.

Prenons l'exemple d'un spectateur qui déplace 5 dominos après vous. Ces derniers se trouvent alors disposés dans la situation suivante :

9, 10, 11, 12, 0, 1, 2, 3, 4, 5, 6, 7, 8

En comptant 4 dominos à partir de la droite, vous tombez sur le domino ayant 5 points. Ce nombre 5 est précisément le nombre de dominos déplacés par le spectateur.

Vous pouvez recommencer immédiatement le tour sans toucher aux dominos. Pour cela il faut connaître le nombre de points du domino situé maintenant à l'extrême gauche. Il vous suffit pour cela d'ajouter le nombre de dominos qui viennent d'être déplacés, ici 5, à votre nombre « clé » précédent, soit 4. Le nombre de points du domino situé à l'extrémité gauche de la rangée est 9. C'est votre nouvelle « clé ».

Continuons, en supposant un déplacement maintenant de 4 dominos par le spectateur. On se trouve alors dans la situation suivante :

0, 1, 2, 3, 4, 5, 6, 7, 8, 9, 10, 11, 12

Vous comptez 9 dominos à partir de la droite ; vous obtenez le domino ayant 4 points. C'est le nombre de dominos déplacés. Pour continuer, vous trouvez votre nouvelle « clé » en faisant l'addition de 4 plus 9, soit 13. C'est le double zéro qui correspondait au treizième domino dans l'arrangement initial.

Lorsque le total de la « clé » arrive à 13 ou le dépasse, vous soustrayez 13 de ce total, et vous obtenez votre nouvelle « clé » ; dans le cas présent votre « clé » est 0. Supposons qu'au lieu des quatre dominos précédents, le spectateur en déplace 7. La situation est alors la suivante :

3, 4, 5, 6, 7, 8, 9, 10, 11, 12, 0, 1, 2

En comptant 9 dominos à partir de la droite, vous tombez sur le domino 7, nombre de dominos déplacés. Votre nouvelle « clé » est alors donnée par la somme : $9 + 7 = 16$, dont vous soustrayez 13. Vous obtenez pour nouvelle « clé » le chiffre 3 qui correspond au total des points du domino situé à l'extrémité gauche de la rangée.

Lorsque, pour vous piéger, un spectateur ne déplace aucun domino, vous trouverez automatique le domino double zéro en utilisant votre « clé ». Dans le cas précédent, par exemple, votre « clé » égale à 3 vous donne bien le double zéro.

Divertissements et curiosités délectables

Lorsque vous faites un tour avec des dés, vous pouvez y ajouter quelques effets d'adresse ou de supercherie. Il vous faut pour ces effets, un cornet en bois pour le lancer des dés, préférable à ceux en cuir. Le bois est plus lisse et plus rigide.

Inertie d'un dé

Vous tenez votre cornet de la main gauche, l'ouverture dirigée vers le bas, par deux points opposés de son grand diamètre, entre le pouce et le médium qui forment ainsi des pivots pour la rotation du cornet. Les autres doigts doivent être légèrement en arrière du médius, de façon à ne pas gêner la rotation du cornet.

Vous placez un dé sur le fond du cornet qui est vertical, ouverture vers le bas. Avec la main droite à plat, paume vers le sol, vous frappez un coup sec sur le haut du cornet, du côté gauche. Le cornet pivote d'un demi tour entre les deux doigts de la main gauche qui le maintiennent. Le dé tombe alors à l'intérieur du cornet.

Il faut un peu d'entraînement pour réussir à tous les coups. Pour débuter, entraînez-vous à faire pivoter le cornet sans mettre de dé sur le fond. Le même exercice se fait aussi aisément avec plusieurs dés superposés.

Des points volatils

Vous pouvez donner l'illusion d'avoir un dé dont la somme des faces opposées est changeante. Pour obtenir une illusion parfaite, il faut un certain entraînement.

Vous saisissez un dé entre le pouce et l'index droits, la main en position normale, sans torsion du poignet. Vous montrez la face supérieure du dé, prenons par exemple, la face comportant 4 points ; la face verticale que voient les spectateurs étant le 1. Par une torsion du poignet, la paume de la main tournée vers le haut, vous pouvez montrer la face inférieure du dé ; cette face comporte 3 points.

Durant le mouvement de rotation du poignet, le pouce et l'index qui tiennent le dé, peuvent faire faire une rotation d'un quart de tour du dé entre les doigts, de telle sorte que ce soit le 2 qui apparaisse (au lieu du 3) lorsque la paume de la main est tournée vers le haut. Les spectateurs doivent avoir l'illusion que c'est la face opposée au 4 que vous leur montrez.

Pour que l'illusion existe, il faut que le mouvement de rotation du dé entre les doigts soit parfaitement synchronisé avec le mouvement de rotation du poignet. Ceci demande un certain entraînement devant un miroir. Lorsque vous avez vous-même l'illusion, dans le miroir, que c'est bien la face opposée que vous montrez, vous pouvez essayer de faire croire à quelques amis que vous volatilisez les points du dé et que vous les remettez à volonté. Vous pouvez vous servir d'un autre dé de couleur différente en prétendant qu'il est magique.

Dés en équilibre

Demandez d'abord à des spectateurs d'essayer de réaliser l'équilibre montré sur la photo ci-dessous. C'est impossible sans utiliser une petite astuce : mettre discrètement un peu de salive sur les faces en contact entre elles des dés supérieurs.

Comment deviner le domino choisi par un spectateur

Des dominos sont étalés sur une table, faces cachées. Un spectateur en choisit un et le regarde sans le montrer au magicien. Ce dernier lui demande alors de faire la suite des opérations suivantes :
– Multiplier par 5 le nombre de points qui figure sur la gauche du domino, lorsque le spectateur le regarde.
– Ajouter 7 au résultat de la multiplication.
– Multiplier par 2 le résultat de cette addition.
– Retrancher 14 du résultat de la multiplication.
– Ajouter le nombre de points de droite qui figurent sur le domino.
– Énoncer le résultat obtenu.

Le magicien dévoile alors les nombres de points qui figurent sur le domino. C'est très simple puisque le chiffre des dizaines du résultat donné par le spectateur est égal au chiffre de gauche du domino ; le nombre de points de droite du domino est égal au chiffre des unités du nombre annoncé par le spectateur.

Comment ça fonctionne ?
Remarquons que la gauche et la droite du domino n'ont de sens que par rapport à la façon dont le spectateur regarde le domino. Appelons g et d les nombres de points des côtés gauche et droit du domino.
Les nombres de points sont en fait des chiffres, de 0 à 6. On peut donc écrire la suite des opérations effectuées sous la forme suivante :
$$[(5g + 7) \times 2] - 14 + d = 10g + d$$
Le nombre de points g est donc le chiffre des dizaines et le chiffre d, celui des unités.

Du domino aux polyminos

Un domino est un assemblage de deux carrés sur lesquels on a mis des points. Si l'on assemble plus de deux carrés identiques, on va pouvoir former d'autres objets qu'on appelle des *polyminos*. Avec plusieurs carrés on peut former différents assemblages. On peut donc se poser le problème de savoir combien de types différents d'objets on peut fabriquer en assemblant un nombre donné de carrés identiques.

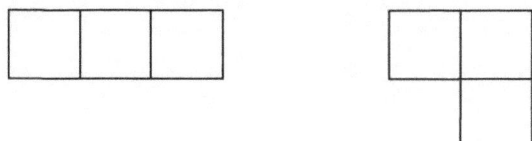

Avec deux carrés, on ne peut former qu'un seul type de polymino que l'on appelle le domino. Avec trois carrés, il devient possible de les assembler de deux manières différentes. Soit en mettant les carrés bout à bout, soit en formant un objet coudé, ainsi qu'on le voit ci-dessous. On obtient donc au maximum deux espèces de *triminos*.

Si l'on considère comme identiques deux polyminos images l'un de l'autre par un retournement, il existe cinq types différents de figures obtenues avec quatre carrés identiques ; ce sont les *quadriminos*. Avec cinq carrés, on forme douze *pentaminos* que vous pouvez vous amuser à chercher ; en particulier vous pouvez former les lettres suivantes : T, U, V, W, X, Y, Z, à partir de cinq carrés placés côte à côte ; par exemple :

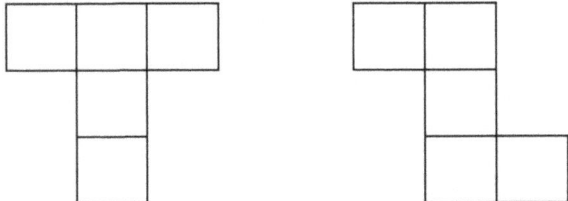

Les douze pentaminos permettent de former tous ensembles un rectangle de 60 carrés élémentaires, tous les douze types de pentaminos étant représentés. Ce rectangle comporte trois carrés de largeur et vingt carrés de longueur. Après avoir trouvé tous les douze pentaminos, essayez de les disposer de façon à former ce fameux rectangle. Il n'existe qu'une seule solution à ce problème.

Les magiciens Dominique Duvivier et sa fille Alexandra multiplient les dés à jouer
Ils animent le café-théâtre parisien de la magie *Le Double-Fond*

Chapitre 2

Mathémagie des cartes

Le « physicien » Joseph Pinetti présente un tour de cartes dans les années 1780

Magicien et tricheur aux cartes au 18ᵉ siècle

Les cartes à jouer ne sont guère connues que depuis environ six siècles. Depuis leur introduction, aucun objet n'a été autant employé en illusionnisme pour inventer des *tours de cartes*. Ce sont certainement les tricheurs aux jeux de cartes qui inventèrent nombre de manipulations permettant de contrôler les cartes dans un jeu.

Au cours de la seconde moitié du 18ᵉ siècle, un tricheur aux cartes, Jean-Joseph Pinetti, né en Toscane en 1750, s'enrichira au détriment de la noblesse des cours européennes. Mais en même temps, c'est un artiste qui donne des représentations d'illusionnisme qui attirent toutes les plus hautes sociétés. Arrivé en France au début de décembre 1783, Pinetti se produit devant la famille royale, à Fontainebleau. Louis XVI est tellement enchanté par les tours de Pinetti qu'il lui accorde l'autorisation de donner des représentations au Théâtre des Menus Plaisirs du Roi, rue Bergère, à Paris. Un contemporain écrit à propos de ces représentations :

Le sieur Pinetti attire un monde prodigieux de la plus haute volée. Ses tours sont aussi surprenants, et s'il n'était pas étranger et qu'il s'énonçât plus facilement dans notre langue, il séduirait infiniment.

Un juriste français, Henri Decremps, va raconter dans un ouvrage publié en 1785, *Supplément à la magie blanche dévoilée*, comment Pinetti opère pour tricher aux jeux de cartes et s'enrichir énormément. Decremps observe Pinetti dans une Académie de jeu londonienne où il apprend que ce dernier perdait chaque jour une quarantaine de louis ; Decremps en conclut alors :

Étant bien persuadé qu'un escamoteur ne va pas dans une Académie de jeu pour s'y laisser attraper, je pensai qu'il devait y avoir là-dessous quelque ruse nouvelle dont je n'avais peut-être jamais eu l'idée.

Decremps découvre que Pinetti a un compère parmi les joueurs de sa table mais que chacun fait semblant d'ignorer l'autre. C'est précisément ce compère qui gagne grâce à l'arrangement des cartes que réalise Pinetti lorsqu'il bat les cartes :

Je m'aperçus enfin qu'avant de faire mêler les cartes par les autres joueurs, il retenait cinq ou six cartes dans sa main droite, et qu'en reprenant le jeu pour mêler à son tour, il les plaçait adroitement par-dessus et leur donnait ensuite, en un clin d'œil, l'arrangement nécessaire pour faire gagner son compère.

[...] Aussitôt qu'il avait donné aux cartes l'arrangement projeté, il ajoutait une circonstance qui achevait l'illusion ; il faisait un faux mélange en coupant les cartes en plusieurs petits paquets et ensuite il les remettait toutes à leur même place, où les arrangeait selon ses désirs, quoiqu'il parût les embrouiller de vingt manières.

C'est ainsi que Pinetti, tout en perdant modérément quelques louis, s'enrichit rapidement. En Angleterre, il se produit au château de Windsor devant le Roi, et continue sa tournée européenne, devenant « Physicien de la Cour » en Prusse et faisant l'admiration du tsar Alexandre 1ᵉʳ en Russie.

Le tricheur à l'as de trèfle
Extrait d'une peinture de *Georges de La Tour* (1593-1652)

Des tours mathémagiques de cartes peuvent se faire sans aucune préparation du jeu mais les plus intrigants sont ceux pour lesquels le magicien prépare secrètement à l'avance divers arrangements des cartes dans le paquet de cartes. De nombreux tours *automatiques*, c'est-à-dire ne nécessitant pas de manipulations spéciales, sont ainsi réalisables par de nombreux amateurs.

La parité des cartes est en jeu

Ce que voient et entendent les spectateurs

Le magicien bat le jeu, puis il l'étale faces en haut sur une table pour montrer que les cartes sont bien mélangées ; ensuite il rassemble les cartes en un paquet ; puis il coupe le jeu en trois paquets sensiblement égaux.

Il donne un paquet de cartes à un spectateur et lui conseille de battre encore les cartes pour bien les mélanger ; il fait de même pour un deuxième spectateur. Il demande leur prénom à chacun ; appelons-les André et Pierre. Le magicien bat également les cartes du troisième paquet qu'il garde en main.

« André et Pierre, vous allez devenir des assistants magiciens en faisant un tour de cartes qui va vous permettre de développer votre « aura médiumnique ». André, faites tirer une carte de votre jeu par Pierre. Pierre vous regardez cette carte, vous la mémorisez et vous la posez sur la table. » dit le magicien. Puis il demande à Pierre de tirer une carte du paquet de cartes d'André, de la mémoriser et de la poser sur la table.

« Pour développer votre « aura médiumnique », posez la carte que vous avez tirée sur votre main gauche, face en bas. Mettez votre main droite par-dessus la carte et concentrez-vous sur le nom de votre carte. Un « fluide mnésique » commence alors à imprégner votre carte. Concentrez-vous en fermant les yeux et en approchant vos mains de votre bouche, puis soufflez légèrement sur vos mains. » dit le magicien à André et Pierre en mimant le geste qu'il demande de faire.

« André et Pierre, ouvrez à présent les yeux. Insérez votre carte dans votre jeu. » continue le magicien. Il coupe alors le paquet de cartes qu'il a en main, faces vers le bas et demande à André de poser son paquet de cartes, faces en bas, sur les cartes qu'il a en main gauche. Il fait de même pour Pierre qui pose ses cartes sur celles d'André. Le magicien pose par-dessus le restant des cartes qu'il tenait en main droite.

Le magicien reforme ainsi le jeu complet dans lequel, dit-il, les deux cartes choisies par André et Pierre sont vraiment égarées au milieu des autres.

« Si les « fluides mnésiques » de mes assistants ont bien imprégnés les cartes d'André et de Pierre, toute personne qui a des dons télépathiques, ou en a acquis par initiation, peut être sensible à leur « aura médiumnique ». Je vais donc essayer de percevoir ces effluves spirituelles » dit le magicien en feuilletant le jeu, faces tournées vers lui.

Il retire alors deux cartes du jeu et les pose sur la table, face en bas. Puis il demande à André et Pierre de dévoiler le nom de leur carte tirée au hasard sans que lui-même soit intervenu ni dans le tirage des cartes, ni dans leur mélange. Ce sont bien celles que le magicien a posées sur la table et qu'il demande à André, ou Pierre, de retourner.

Matériel nécessaire et préparation

1. Un jeu de 52 cartes.

Tout est dans la préparation du jeu. Un jeu de 52 cartes contient vingt-quatre cartes à valeurs paires ; ce sont les : 2, 4, 6, 8, 10 et les deux dames auxquelles on attribue à chacune la valeur 12. Le jeu contient également vingt-huit cartes à valeurs impaires ; ce sont les : as, 3, 5, 7, 9, valets qui valent 11 et rois qui valent 13.

Vous rassemblez en un paquet les cartes paires et vous les mélangez. Puis vous faites de même avec les cartes impaires. Vous mettez les deux paquets ensemble. Le tour est ensuite automatique.

Le travail caché du magicien

Au début du tour, vous pouvez mélanger négligemment la partie supérieure du jeu, sans mélanger les cartes paires et impaires, et remettre le reste sous le paquet battu. Le jeu est ainsi toujours séparé en deux partie, paire et impaire. Ou bien vous étalez directement le jeu sur la table : les noires et les rouges sont bien mélangées et le classement selon la parité est invisible.

Supposons que la partie supérieure du jeu, faces en bas, soit constituée des cartes impaires. Lorsque vous coupez le jeu en trois paquets sensiblement égaux, le premier paquet ne contiendra que des cartes impaires, environ 17 ou 18 cartes. Le second paquet comportera d'abord 11 ou 10 cartes impaires puis 7 à 8 cartes paires. Enfin le troisième paquet sera formé par 17 ou 18 cartes paires. Ces nombres sont indicatifs car le second paquet peut être sensiblement plus mince.

Vous donnez évidemment à vos « assistants » les paquets ne comportant que des cartes d'une seule parité et vous conservez le paquet comportant un mélange de cartes paires et impaires.

Lorsque chacun de vos assistants a tiré une carte et l'a posée sur la table, vous mettez automatiquement votre propre paquet de cartes sur la table pour déposer sur sa main gauche la carte tirée, puis la recouvrir avec sa main droite.

Il faut ensuite que André et Pierre insèrent leur carte dans leur propre paquet, donc que chacun reprenne bien son paquet qu'il a déposé sur la table. Cette action est évidemment fondamentale pour la réussite du tour ; il faut donc éloigner l'un de l'autre André et Pierre de telle sorte que chacun ait posé son paquet près de lui, assez loin de l'autre paquet. Le fait que chacun reprenne son propre paquet semble naturel et ne doit pas être commenté ni même remarqué par les autres spectateurs. Les assistants reviennent ensuite près de vous pour poser leurs cartes dans votre main.

Vous laissez dans votre main gauche un petit paquet de vos cartes. André pose dessus son paquet, faces en bas, et Pierre fait de même. Vous complétez le jeu en posant par-dessus les cartes qui restaient dans votre main droite.

Vous retournez le jeu, faces vers vous, et vous faites défiler les cartes de la main gauche vers la main droite, si vous êtes droitier. Vous voyez tout d'abord un petit nombre de cartes paires et impaires, puis vous arrivez aux cartes d'André qui sont des cartes paires, par exemple, au milieu desquelles se trouve une carte impaire : c'est celle choisie par Pierre. Vous faites défiler rapidement les cartes paires suivantes et vous arrivez aux cartes impaires de Pierre au milieu desquelles se trouve une carte paire : celle choisie par André. Vous posez ces deux cartes sur la table et vous demandez de dévoiler le nom de leur carte à vos assistants. Les cartes sont bien celles que vous avez retrouvées grâce à l'aura médiumnique de chacun de vos assistants. Le public les applaudit pour leur talent de médiums improvisés.

Suzy Wandas, *La Dame aux doigts de fée*, dans les années 1930

La carte se retrouve dans le jeu au nombre choisi par un spectateur

Ce que voient et entendent les spectateurs

Le magicien demande à un spectateur de couper un jeu de cartes et de garder le paquet de dessus du jeu qu'il vient de couper. Le magicien conserve l'autre paquet. Il demande au spectateur de choisir une carte dans son paquet. Pendant ce temps, le magicien entoure son paquet avec un bracelet de caoutchouc.

La carte choisie par le spectateur est alors glissée sous le caoutchouc, sur le paquet du magicien. Puis, le paquet du magicien est inséré sous le caoutchouc et il est donc placé sur la carte choisie par le spectateur.

Le spectateur est prié d'indiquer un nombre quelconque choisi entre 10 et 40. Les cartes sont alors tirées du jeu, une à une, en les glissant sous le caoutchouc. La carte choisie par le spectateur se retrouve exactement au nombre choisi.

Le magicien fait remarquer qu'il lui était impossible de faire une manipulation quelconque des cartes étant donnée la présence du bracelet de caoutchouc.

Matériel nécessaire et préparation

1. Un jeu de 52 cartes.
2. Un bracelet de caoutchouc.

La préparation est très simple puisqu'elle consiste à retourner 3 ou 4 cartes de dessous du jeu. Le nombre de cartes retournées est arbitraire mais il n'a pas besoin d'être très important.

Le travail caché du magicien

Vous faites couper le jeu, cartes retournées dessous, par un spectateur. Celui-ci prend la moitié supérieure de la coupe et choisit une carte. Pendant que le spectateur est ainsi occupé, vous mettez un bracelet de caoutchouc autour du jeu et vous le retournez secrètement. Les 3 ou 4 cartes retournées sont donc sur le dessus du jeu.

Vous demandez au spectateur de placer sa carte sous le caoutchouc et vous l'aidez à le faire. Puis, vous dites au spectateur de bien mélanger son paquet de cartes afin que personne ne puisse le soupçonner. Pendant qu'il mélange, vous retournez de nouveau secrètement le jeu ; la carte choisie se trouve donc sous le jeu. Puis le paquet de carte du spectateur est glissé sous l'élastique, non pas sur la carte choisie mais sur le dessus d'origine de votre paquet.

Vous demandez au spectateur un nombre compris entre 10 et 40. Les cartes sont comptées une à une, en les glissant sous l'élastique. Lorsque vous arrivez à l'avant-dernière carte du nombre choisi, vous demandez au spectateur de regarder dans le paquet de cartes déjà enlevées si sa carte s'y trouve. Ceci vous permet de retourner de nouveau le paquet des cartes qui vous restent en main, toujours entourées de l'élastique. La carte choisie est alors sur le dessus du paquet et vous pouvez demander au spectateur de nommer sa carte. Vous comptez alors le dernier nombre choisi et vous demandez au spectateur d'enlever lui-même la carte de dessous l'élastique.

Le comptable ne sachant pas compter

L'utilisation de une ou plusieurs cartes truquées permet certains effets magiques difficiles à réaliser par des manipulations. Pour un aperçu de tours utilisant essentiellement des cartes truquées, nous renvoyons le lecteur au remarquable ouvrage de Varéla et Tamariz : *Théorie & pratique des cartes truquées*. Nous leur empruntons le tour qui suit.

Ce que voient et entendent les spectateurs

(A) — Le magicien demande s'il y a un spectateur qui sache compter jusqu'à dix. Il lui faut en effet un comptable pour suivre l'état de ses stocks de poissons qu'il vend à Rungis. Un spectateur de bonne volonté veut bien faire office de comptable. Le magicien lui remet alors un stylo feutre et un papier sur lequel il trace un début de tableau avec deux colonnes où il écrit, à gauche « stocks de requins rouges » et à droite « stocks de maquereaux bleus », suivant le schéma ci-dessous :

Stocks de requins rouges (tonnage)	Stocks de maquereaux bleus (tonnage)

(B) — Le magicien montre alors deux jeux de cartes dont les dos sont respectivement rouge et bleu. Sur les faces des cartes des petits poissons ont été collés, les uns sont des requins rouges et les autres des maquereaux bleus.

« Chaque carte représente une tonne de poissons » explique le magicien. Nous avons actuellement 10 tonnes de requins rouges, cela se vend bien, c'est un mets à la mode, et 10 tonnes de maquereaux bleus, c'est un poisson pas cher.

« Comptez 10 tonnes de requins rouges et 10 tonnes de maquereaux bleus » dit le magicien au « comptable ». Il lui donne les jeux et le « comptable » compte dix cartes rouges et dix cartes bleues. « Inscrivez les quantités sur votre inventaire » dit le magicien au comptable. Celui-ci inscrit alors :

Stocks de requins rouges (tonnage)	Stocks de maquereaux bleus (tonnage)
10 tonnes	10 tonnes

(C) — « Aujourd'hui, continue le magicien, j'ai vendu 1 tonne de maquereaux bleus » et, prenant les cartes avec des dos bleus, le magicien enlève une carte bleue. « Comptable, inscrivez l'état des stocks » Le « comptable » inscrit, dans la colonne « maquereaux » le chiffre 9 et dans la colonne « requins » le chiffre 10.

Stocks de requins rouges (tonnage)	Stocks de maquereaux bleus (tonnage)
10 tonnes	10 tonnes
10	9

(D) — « Vérifions si notre comptable compte correctement » remarque le magicien. Il compte les cartes bleues et en trouve toujours 10 alors que le nombre de requins est égal à 9. « Vous avez sans doute mélangé les requins avec les maquereaux. Veuillez faire votre travail consciencieusement. Mettez à jour le stock correctement. » dit avec sévérité le magicien en s'adressant à son comptable qui s'exécute et raye les chiffres faux, en faisant une drôle de tête.

Stocks de requins rouges (tonnage)	Stocks de maquereaux bleus (tonnage)
10 tonnes	10 tonnes
~~10~~	~~9~~
9	10

(E) — Puis le magicien vend une tonne de requins rouges. Il enlève donc une carte rouge et demande à son comptable d'écrire le nouveau stock qui semble être le suivant : 8 tonnes de requins rouges et 10 tonnes de maquereaux bleus.

(F) — Le magicien compte de nouveau les cartes restantes et trouve 10 cartes rouges et 8 cartes bleues. Il proteste et parle de licencier son comptable qui ne tient pas à jour les stocks. Celui-ci rectifie en conséquence ; il raye les nombres 8 et 10, et inscrit sur la ligne suivante : 10 tonnes de requins rouges et 8 tonnes de maquereaux bleus.

(G) — Le magicien vend ensuite une tonne de requins rouges et une tonne de maquereaux bleus. Il enlève une carte au dos rouge et une carte au dos bleu. Il demande au comptable d'inscrire le nouveau stock. Puisqu'une carte rouge a été enlevée, le comptable écrit sur la ligne suivante 9 tonnes de requins et 7 tonnes de maquereaux puisqu'une carte bleue a également été enlevée.

(H) — Le magicien compte une nouvelle fois les dos rouges et les dos bleus des cartes. Il trouve 9 dos bleus et 7 rouges. Le comptable rectifie de nouveau. Le magicien menace de le licencier s'il continue à compter aussi mal.

Stocks de requins rouges (tonnage)	Stocks de maquereaux bleus (tonnage)
10 tonnes	10 tonnes
~~10~~	~~9~~
~~9~~	~~10~~
~~8~~	~~10~~
~~10~~	~~8~~
~~9~~	~~7~~
7	9

L'illusionniste Philippe présente « Les Poissons d'or » vers 1840
Un bocal où nagent des poissons rouges apparaît sous un foulard

(I) — Le magicien retire de nouveau 2 cartes bleues car il vient de vendre 2 tonnes de maquereaux bleus, et 2 cartes rouges car il vient de vendre 2 tonnes de requins rouges. Le comptable met à jour les stocks :

Stocks de requins rouges (tonnage)	Stocks de maquereaux bleus (tonnage)
10 tonnes	10 tonnes
~~10~~	~~9~~
~~9~~	~~10~~
8	~~10~~
~~10~~	8
~~9~~	~~7~~
~~7~~	~~9~~
5	7

Le magicien demande au public quel est l'état des stocks puisque le comptable ne sait pas compter. Le public pense que sans doute, comme il en a été précédemment lors des comptages, il y aura 7 tonnes de requins rouges et 5 tonnes de maquereaux bleues

Surprise pour tout le monde, il y a 6 cartes rouges et 6 cartes bleues. Le magicien est désespéré d'avoir un comptable qui laisse pourrir ses stocks de poissons en se trompant sans cesse. « Je suis donc obligé de vous remercier. Mais j'ai prévu une indemnité de licenciement » ajoute le magicien. Il sort un gros poisson en papier et le donne au comptable qu'il demande quand même d'applaudir en guise de consolation.

Matériel nécessaire et préparation

1. Un jeu de carte avec des dos bleus, un autre avec dos rouges.
2. Deux cartes double dos, ayant chacune un dos bleu d'un côté et un dos rouge de l'autre.
3. Une feuille de papier et de quoi écrire. Si vous présentez ce tour en salon ou sur scène, vous devez avoir un tableau qui remplace le papier.

Vous posez sur le jeu à dos bleus, faces en bas, une carte double dos, dos bleu en haut. Vous faite de même pour le jeu à dos rouge, sur lequel vous posez l'autre carte double dos, dos rouge en haut. Vous rangez les jeux dans leur étui.

Le travail caché du magicien

Les différentes phases de la présentation ont été notées par des lettres (A), (B), etc. Les différentes manipulations se rapportent donc à ces phases.

(A) — Après avoir recruté votre « comptable », vous tracez un tableau tel que celui permettant la tenue des stocks de requins et de maquereaux. Vous pouvez vendre des fruits ou simplement compter les cartes.

(B) — Vous sortez les jeux de leur étui et vous demandez au comptable de compter 10 cartes bleues et 10 rouges en les mettant une à une sur la table, dos visibles. Ainsi, la carte double dos qui se trouve dans chacun des jeux devient automatiquement la dernière des paquets de 10 cartes.

Vous mettez les deux paquets de 10 l'un contre l'autre, *faces contre faces*.

Puisque la dernière carte de chaque paquet est une carte double dos, il faut faire très attention afin que le public de voit pas les cartes double dos lorsque vous mettez les deux paquets faces contre faces. C'est assez facile en inclinant les cartes tenues dans chaque main dans une direction convenable. Les cartes double dos se trouvent donc au centre des 20 cartes mises ensemble.

Vous pouvez alors étaler ou éventailler les cartes, en montrant qu'elles sont bien les unes faces dans un sens, les autres faces dans l'autre sens. Vous faites inscrire par le comptable, les tonnes de poissons formant les stocks.

Au cours de « ce que voient et entendent les spectateurs », nous n'avons pas insisté sur la manière de montrer les cartes car l'essentiel de ce tour réside dans la manière dont vous allez le présenter. Un certain comique de situation doit se créer dans votre dialogue avec votre « comptable ». Vous devez le malmener de manière astucieuse sans être vraiment agressif.

(C) — Vous enlevez une carte bleue de dessus le paquet. Votre comptable inscrit le nouveau stock : 10 cartes rouges et 9 cartes bleues.

(D) — Prenant le paquet de 19 cartes, vous comptez les cartes bleues, dos bleus vers le haut, en les faisant passer de la main gauche dans la main droite, sans changer l'ordre des cartes. Puisque les deux cartes double dos apparaissent avec la même couleur lorsque vous faite un tel comptage, vous trouvez 10 cartes bleues. Vous posez les 10 cartes bleues sur la table.

Vous comptez ensuite les cartes à dos rouges de la même façon, dos rouges visibles. Vous trouvez 9 cartes rouges. Je ne pense pas qu'il soit astucieux de les compter avec leurs faces visibles et de les retourner, ainsi que le préconisent Varéla et Tamariz, pour montrer qu'elles ont bien un dos rouge. Le comptage est alors trop différent de celui des cartes bleues et peut inciter le spectateur à faire la comparaison, subodorant quelque chose de louche.

(E) — Vous enlevez ensuite 1 carte rouge de dessus le paquet, dos rouges tournés vers le haut. Le comptable écrit le nombre de cartes qui est logiquement celui restant.

(F) — Vous comptez de nouveau les cartes restantes avec les cartes dos rouges vers le haut. Vous les faite passer d'une main dans l'autre. Vous trouvez évidemment 10 cartes rouges, les cartes double dos étant alors orientées de telles sorte qu'elles montrent maintenant leur dos rouge.

Vous posez les 10 cartes rouges sur la table. Vous comptez alors les cartes bleues, dos bleus visibles, et vous trouvez 8 cartes bleues. Vous faites rectifier l'état des stocks par votre comptable.

(G) — Vous enlevez une carte rouge et une carte bleue. Vous demandez au comptable d'inscrire le nouveau stock : 9 rouges et 7 bleues.

(H) — Nouveau comptage. Vous séparez les cartes rouges et les bleues ; vous posez les cartes rouges sur la table. Vous comptez les cartes bleues en les posant une à une sur la table. Les cartes double dos sont donc les dernières à être comptées. Vous posez l'avant-dernière carte double dos sur le paquet de cartes bleues et vous laissez en dessous la dernière carte double dos. Le geste est assez banal. Vous trouvez 9 bleues.

Vous comptez les rouges qui sont au nombre de 7. Vous faites rectifier les stocks en tançant fermement votre comptable qui visiblement ne fait pas attention aux ventes de poissons de l'entreprise. « Vous allez mettre en faillite notre entreprise » vous lamentez-vous et « Vous serez alors au chômage ».

(I) — Vous retirez 2 cartes bleues de dessus le paquet de cartes bleues ; la carte supérieure est une carte double dos, la seconde est quelconque à dos bleu. Vous retirez également 2 cartes rouges en les prenant sous le paquet des cartes à dos rouges. La carte inférieure est une carte double dos et l'autre est quelconque à dos rouge.

Le comptable met à jour le stock qui résulte de ces « ventes » : 5 tonnes de requins rouges et 7 tonnes de maquereaux bleus.

Surprise pour tout le monde. Vous comptez 6 cartes rouges et 6 cartes bleues. Vous « licenciez » votre comptable en lui offrant un gros poisson en papier et vous le faites applaudir par le public à titre de consolation.

Devinez le nombre de cartes déplacées

Le principe de ce tour est identique à celui décrit sous le titre : *Des dominos se déplacent*, au cours du chapitre précédent. Au lieu d'utiliser des dominos, vous employez des cartes.

À la place des treize dominos, vous utilisez seulement 11 cartes. Celles numérotées de 1 à 10, et vous attribuez la valeur 0 à un joker.

Vous préparez 11 cartes sur le dessus de votre jeu, sans tenir compte de leur « famille » : cœur, pique, carreau ou trèfle. Les cartes sont dans l'ordre de 1 (as) à 10, puis le joker. Vous sortez le jeu de son étui et vous mettez sur la table, côte à côte, les 11 onze premières cartes, faces tournées vers le bas, en commençant par la gauche. Vous avez ainsi la configuration suivante :

1, 2, 3, 4, 5, 6, 7, 8, 9, 10, joker

Vous annoncez que vous allez vous retourner, ou passez dans la pièce à côté, et qu'un spectateur va déplacer, de la gauche vers la droite, le nombre de cartes qu'il veut sans dépasser 10 cartes. Vous montrez comment le spectateur doit opérer en déplaçant, par exemple, 5 cartes. Vous obtenez alors l'arrangement suivant :

6, 7, 8, 9, 10, joker, 1, 2, 3, 4, 5

Vous vous rappelez le chiffre de la dernière carte, le 6, qui sera votre « clé ». Lorsqu'un spectateur déplace un certain nombre de cartes, il vous suffit de compter, à partir de la droite le nombre de cartes correspondant à votre « clé ». Vous retournez cette carte dont le chiffre vous donne le nombre de cartes déplacées par le spectateur.

Supposons que le spectateur déplace 4 cartes, l'arrangement des cartes est alors le suivant :

10, joker, 1, 2, 3, 4, 5, 6, 7, 8, 9

En comptant 6 cartes, de la droite vers la gauche, vous obtenez la carte 4 que vous retournez : c'est le nombre de cartes déplacées par le spectateur.

Pour continuer ce tour, votre « clé » suivante sera la somme de votre dernière « clé », soit 6, et du nombre de cartes déplacées, soit 4. On a donc 6 + 4 = 10 ; c'est votre nouvelle « clé ».

Si cette somme dépasse 11, vous déduisez 11 de celle-ci et vous obtenez le chiffre de votre nouvelle « clé ». C'est la seule différence avec le tour des dominos où vous aviez réalisé une rangée de 13 dominos, au lieu des 11 cartes. Il vous fallait alors déduire 13 de la somme obtenue aux dominos.

Voyons un exemple. Supposons que le spectateur déplace 7 cartes au lieu des 4 précédentes. La situation des cartes est alors la suivante :
2, 3, 4, 5, 6, 7, 8, 9, 10, joker, 1

Votre première « clé », le chiffre 6, vous permet de compter 6 cartes de droite à gauche et vous obtenez la carte 7, correspondant au nombre de cartes déplacées. Votre prochaine « clé » sera alors donnée par : $6 + 7 = 13$ dont vous déduisez 11 ; votre prochaine clé sera donc égale à : $(13 - 11) = 2$.

Prédiction par les cartes

Ce que voient et entendent les spectateurs

« Les tireuses de cartes prétendent que l'avenir peut être dévoilé grâce aux cartes. Peut-être certaines personnes ont-elles une influence sur les cartes ? Je n'en sais rien mais ce que je sais c'est qu'un événement peu lointain peut être prédit grâce aux cartes. » Ainsi commence le magicien qui demande à un personne de participer à cette curieuse expérience.

Le magicien demande à un volontaire de mélanger un jeu de cartes et de le garder serré entre ses mains durant trois secondes. Le magicien prend le jeu et demande le mois de naissance du spectateur car, dit-il, celui-ci influe sur la couleur des cartes sensibles aux ondes biomagnétiques. En étalant les cartes entre ses mains, le magicien choisit une carte, sans la montrer au public, et la pose sur la table, face en bas. « Quel est le jour du mois de votre naissance ? » demande ensuite le magicien. Il choisit alors une deuxième carte et la pose à côté de la première. Il précise alors que ces deux cartes vont servir de prédiction pour la suite des événements cartomagiques qui vont avoir lieu.

« Coupez le jeu en projetant votre force mentale sur le jeu et prenez les 12 premières cartes sur votre coupe. Ce nombre correspond au nombre de mois dans une année. » Lorsque le spectateur a compté 12 cartes, le magicien lui demande d'en prendre un petit nombre parmi les 12 et de les mettre dans sa poche.

Le magicien prend le reste des cartes laissées par le spectateur, il les pose sur le reste du jeu et compte pour lui également 12 cartes. Il demande alors au spectateur de compter le nombre de cartes qu'il a mises dans sa poche. Il fait défiler ses 12 cartes, une à une, faces tournées vers le spectateur, en lui demandant de se rappeler la carte qui se trouve placée au même nombre de cartes que celles qu'il a mises en poche. « Si vous avez, par exemple, compté 2 cartes, vous vous rappelez la deuxième carte qui va défiler » explique le magicien.

Le spectateur mémorise une carte. Le magicien lui demande de mettre les cartes qu'il a en poche sur le jeu et de mélanger ce jeu. Puis le magicien reprend le jeu et il regarde les cartes en les faisant défiler sous ses yeux sous prétexte de retrouver la carte mémorisée par le spectateur. Mais il montre que c'est impossible par suite des mélanges effectués et il pense que le plus simple est de voir si la prédiction faite par les cartes, à partir du mois et du jour de naissance du spectateur, va permettre de retrouver le nom de cette carte.

Jean Valton vers 1950
Rattrapage en main gauche d'un ruban de cartes étalées sur le bras gauche

Le magicien retourne les deux cartes du début. Il s'agit, par exemple, du 3 de carreau et du 6 de trèfle. Le carreau correspond à la couleur du mois de naissance et le 6 est en résonance au jour de naissance. La carte mémorisée par le spectateur est donc le 6 de carreau. Le spectateur confirme et le public applaudit.

Mais un second effet vient s'ajouter à la prédiction. Le magicien remarque que la somme des deux nombres indiqués par les cartes : 3 et 6, donne le chiffre 9. Il demande alors au spectateur de compter les 9 premières cartes qui se trouvent sur le jeu et il annonce que sa carte se trouve sans doute à ce rang. Le spectateur compte 9 cartes et lorsqu'il retourne la neuvième c'est effectivement celle qu'il avait mémorisée. Nouvelle salve d'applaudissements.

Matériel nécessaire et préparation

1. Un jeu de 52 cartes.
Pas de préparation.

Le travail caché du magicien

Après avoir fait mélanger le jeu de cartes par le spectateur, vous lui demandez de le garder quelques secondes entre ses mains pour que le jeu s'imprègne des ondes biomagnétiques de celui-ci.

Vous prenez le jeu ainsi mélangé et vous demandez le mois de naissance du spectateur. Vous cherchez alors dans le jeu une carte qui soit en correspondance biomagnétique avec son mois de naissance. Pendant que vous feuilletez les cartes, vous repérez la carte qui se trouve sur le jeu. Supposons que ce soit un 6 de carreau ainsi que nous avons vu dans la présentation. Vous allez forcer le spectateur à choisir cette carte sans qu'il s'en doute.

Vous choisissez ensuite deux cartes qui vont vous permettre de « représenter » ce 6 de carreau. Par exemple, le 3 de carreau et le 6 de trèfle. Vous faites le total des points de ces deux cartes, soit : $(3 + 6) = 9$ et vous vous en rappelez. Vous posez ces deux cartes sur la table, faces en bas, sans les montrer aux spectateurs.

Vous faites couper le jeu par le spectateur volontaire. Vous lui demandez de prendre 12 cartes sur sa coupe, puis de prendre quelques cartes parmi les 12 cartes qu'il vient de compter, et de les mettre dans sa poche.

Vous récupérez, d'une part, le reste de la coupe laissé par le spectateur et vous le mettez sous le jeu. D'autre part, vous prenez les cartes restantes parmi les 12 laissées par le spectateur et vous les posez sur le jeu, donc sur le 6 de carreau qui se trouve sur le dessus du jeu. Supposons que le spectateur ait mis 5 cartes dans sa poche. Vous ne connaissez pas ce nombre mais, ce qui est certain, c'est qu'il restait 7 cartes sur la table que vous avez posées sur le 6 de carreau.

Vous comptez 12 cartes en partant du dessus du jeu, et en les posant une à une sur la table ; par conséquent *le 6 de carreau va se retrouver classé automatiquement cinquième carte en partant du dessus.*

Vous dites ensuite au spectateur de compter le nombre de cartes qu'il a mis dans sa poche, sans que vous connaissiez ce nombre. Puis, vous dites au spectateur que vous allez lui montrer, une à une les 12 cartes que vous venez de compter. Il devra se rappeler la carte qui correspond au rang égal au nombre de cartes qu'il a mis dans sa poche. Vous faites défiler les 12 cartes, faces au spectateur, et celui-ci va mémoriser la cinquième carte qu'il va voir ; c'est évidemment le 6 de carreau.

Le spectateur pose les cartes qu'il avait dans sa poche sur le jeu, puis il le mélange. Vous prenez ensuite le jeu mélangé et vous faites semblant de chercher la carte qu'il a mémorisée. Vous rappelez que le jeu a été mélangé dès le début puis de nouveau, toujours par le spectateur. En même temps, vous cherchez la carte mémorisée, le 6 de carreau, en faisant passer les cartes d'une main dans l'autre. Lorsque vous arrivez à la carte mémorisée, vous rassemblez le petit paquet de cartes situé avant le 6 de carreau et vous le posez sur le jeu.

Le 6 de carreau se trouve donc sur le jeu. Vous comptez ensuite un nombre de cartes égal au total des chiffres figurant sur les 2 cartes choisies dès le début, soit $(3 + 6) = 9$, en commençant par le 6 de carreau. Vous faites passer les 6 cartes sur le jeu ; le 6 de carreau se trouve donc à la neuvième place en partant du dessus de jeu. Vous continuez encore à faire défiler les cartes mais en disant que ce serait mieux de consulter la prédiction faite par les cartes elles-mêmes ;

Les deux cartes du début sont retournées ; le 6 de trèfle et le 3 de carreau vous indiquent que la carte mémorisée est le 6 de carreau. De plus, en faisant la somme des chiffres de ces deux cartes, soit 9, vous demandez au spectateur de compter 9 cartes et de regarder si la neuvième carte est la sienne.

David Ross en 1973
Manipulations de cartes géantes. Il deviendra une célébrité internationale de la magie.

La carte choisie se trouve au nombre prédit

Ce que voient et entendent les spectateurs

Le magicien demande à un spectateur de mélanger un jeu de cartes. Puis, il recherche dans le jeu une carte ayant suffisamment d'espace blanc lui permettant d'écrire une prédiction. Après avoir trouvé une carte convenable, il écrit dessus une prédiction et il la remet dans le jeu.

Il donne alors le jeu de cartes à un spectateur en lui demandant de poser une à une les cartes sur la table, faces cachées, en formant ainsi une pile de cartes. Le spectateur peut s'arrêter lorsque bon lui semble. Il prend alors connaissance de la dernière carte qui se trouve sur la pile qu'il vient de former et il pose sur cette pile le paquet de cartes qui lui reste en main. La carte mémorisée par le spectateur est bien perdue au milieu des autres.

Le magicien demande au spectateur de couper le jeu autant de fois qu'il le désire. Puis, il rappelle qu'il avait écrit une prédiction sur une carte. Il étale le jeu, faces en haut, afin de rechercher la carte sur laquelle sa prédiction est écrite. La prédiction est un nombre, 14 par exemple, écrit sur le 3 de carreau.

Le magicien coupe le jeu à l'endroit du trois de carreau et complète la coupe. Il remet alors le jeu au spectateur en lui demandant de compter jusqu'à la carte dont le rang correspond au nombre inscrit sur la face de la carte de prédiction. Le spectateur compte 14 cartes et la quatorzième est précisément celle qu'il avait mémorisée et qui se trouvait sur la pile de cartes qu'il avait formée.

Matériel nécessaire et préparation

    1. Un jeu de 52 cartes.
    2. Un instrument pour écrire.
    Pas de préparation.

Le travail caché du magicien

Après que le jeu a été mélangé par le spectateur, vous faites défiler les cartes devant vous à la recherche, soi-disant, d'une carte présentant suffisamment d'espace pour y écrire une prédiction. En même temps vous comptez discrètement le nombre de cartes qui se trouvent avant celle qui va vous servir d'écritoire.

Vous pouvez imaginer un prétexte différent pour faire défiler les cartes vous permettant de les compter. Par exemple, chercher une carte en harmonie avec l'horoscope du spectateur en lui demandant de préciser son signe zodiacal.

Lorsque vous arrivez à la hauteur d'une carte basse, un 2 ou un 3, par exemple, vous écrivez dessus le nombre qui correspond à son rang, à partir du dessous du jeu, c'est-à-dire au nombre de cartes que vous venez de compter. Supposons que le 3 de carreau soit la quatorzième carte, vous écrivez le nombre 14 sur cette carte et vous la remettez à sa place, donc au quatorzième rang à partir du dessous du jeu.

Le spectateur forme une pile de cartes en les déposant une à une sur la table, puis il mémorise celle du dessus de la pile. *Il remet les cartes restantes sur la carte mémorisée.* La carte du spectateur se trouve donc la quinzième sous votre carte de prédiction. Il coupe plusieurs fois le jeu, en complétant chaque coupe.

Vous étalez le jeu, faces visibles, afin de récupérer la carte, le 3 de carreau, portant votre prédiction, le nombre 14. Le spectateur retire votre carte de prédiction. Vous rassemblez le jeu et *vous le coupez à l'endroit où se trouvait votre carte de prédiction, puis vous complétez la coupe.*

Cette coupe vous permet de remettre sur le jeu le nombre de cartes qui vont compléter à 13 le nombre de cartes qui se trouvent déjà au-dessus de la carte mémorisée par le spectateur. Automatiquement, la quatorzième carte, indiquée par votre prédiction, se trouve être celle du spectateur.

La dernière carte est celle prédite

Ce que voient et entendent les spectateurs

Le magicien mélange un jeu de 52 cartes et donne à un spectateur un paquet d'environ une vingtaine de cartes. Il explique que le tour consiste à éliminer toutes les cartes du spectateur, une par une, et qu'une vingtaine de cartes sera suffisante pour ne pas rendre le tour trop long. Il demande au spectateur de battre le paquet de cartes et le magicien montre au public que les cartes sont bien battues.

Le magicien inscrit alors une prédiction sur une feuille de papier qu'il replie et met en évidence sur la table. Il demande ensuite au spectateur de prendre le paquet d'une vingtaine de cartes, de jeter la carte du dessus du paquet sur la table, puis de faire passer la suivante sous le paquet, de jeter ensuite la carte du dessus sur la table, de faire passer la suivante sous le paquet, et ainsi de suite. Le processus se poursuit jusqu'à ce qu'il ne reste plus qu'une seule carte dans la main du spectateur.

Le magicien demande alors au spectateur de lire la prédiction qu'il a écrite. Il est marqué, par exemple : « La dernière carte sera le valet de pique ». Le spectateur retourne sa carte ; il s'agit bien du valet de pique.

Matériel nécessaire et préparation

1. Un jeu de 52 cartes où vous avez placé une carte « clé » à la 19e place en partant du dessus du jeu, dos visibles.

2. Une feuille de papier et un instrument pour écrire.

Le travail caché du magicien

Vous mélangez le jeu en effeuillant seulement les 18 premières cartes de façon à conserver votre repère. Vous étalez le jeu pour montrer qu'il est bien mélangé et vous repérez votre carte clé. Vous faites ainsi un paquet de 19 cartes que vous remettez au spectateur en lui demandant de les mélanger.

Vous reprenez le paquet de 19 cartes et vous montrez au public que le jeu est bien mélangé. Vous pouvez également demander au spectateur d'étaler ses cartes pour montrer au public qu'elles sont bien mélangées. Quelle que soit la méthode, vous repérez la 6e carte en partant du dessus du paquet. C'est la carte de votre prédiction. Supposons qu'il s'agisse du valet de pique. Vous inscrivez : « La dernière carte sera le valet de pique » sur votre feuille de papier. Vous la repliez et la mettez bien en évidence.

Vous remettez le paquet de cartes au spectateur et vous lui indiquez la méthode d'élimination progressive des cartes. Une fois le processus d'élimination terminé, la dernière carte que le spectateur gardera en main sera précisément la 6e carte, à savoir, le valet de pique.

Comment ça fonctionne ?

Faites vous-mêmes le test en plaçant une carte en 6e position d'un paquet de 19 cartes. Vous retrouvez automatiquement la carte que vous avez repérée.

Si vous voulez changer le nombre N de cartes formant le paquet que vous donnez au spectateur, vous avez la formule mathémagique suivante qui vous donne la position de la carte à repérer pour votre prédiction.

Cette carte se trouve à la position suivante : $2(N - 2^n)$. N est le nombre de cartes formant le paquet de cartes donné au spectateur ; 2^n désigne la plus grande puissance de 2 strictement inférieure à N.

Voyons si cette formule marche pour N = 19. Les puissances successives de 2 sont les suivantes : 2, 4, 8, 16, 32, etc. La plus grande puissance de 2 strictement inférieure à N est 16. Selon la formule précédente, on a : 2(19 – 16) = 6. C'est donc bien la carte qui se trouve en 6e position qui est celle que le spectateur aura en main comme dernière carte.

Pour N = 18, la formule donne : 2(18 – 16) = 4. C'est la quatrième carte que vous devez repérer en partant du début du paquet. C'est une carte plus facile à repérer immédiatement que la sixième. Pour N = 17, vous devez repérer la deuxième carte.

Chapitre 3

Pièces de monnaie et billets de banque

Maison de jeux au 19ᵉ siècle

Votre argent m'intéresse

Les tours d'illusionnisme qui font intervenir des pièces de monnaie et plus encore des billets de banque intéressent spontanément les spectateurs. Qui n'a pas de problèmes d'argent ou n'est pas intéressé par l'argent ? Les tours qui utilisent des pièces sont certainement très anciens. Dans l'ouvrage d'Ozanam, daté de 1750 — nous sommes sous Louis XV (1710-1774) — on trouve divers tours de pièces de monnaie et de fabrication de bourses, dont nous donnons un exemple du texte original rédigé en français de l'époque.

> On fait une boëte à fondre la Monnoye. Voici sa construction. La boëte doit être d'une grandeur raisonnable pour pouvoir contenir différentes pièces d'argent de plusieurs grandeurs. On y met un couvercle comme H. La boëte doit avoir un trou comme I. On fait un trait noir de la largeur du trou, qui tourne autour de la boëte, comme il est marqué par les lignes ponctuées jusqu'à K. La boëte doit être noircie par le dedans ; vous roulez la boëte sur la table, & vous dites : *Messieurs, voulez-vous voir fondre de l'argent, vous n'avez qu'à mettre une pièce de Monnoye dans ma boëte.* Lorsqu'on l'aura mis, vous ferez couler l'argent par le trou de la boëte dans votre main ; & en faisant semblant de prendre de la poudre de perlinpinpin, vous mettez l'argent dans votre Gibeciere, ou dans votre poche, & vous montrez la boëte, où il n'y a plus rien.

Pour les lecteurs qui ne connaissent pas la typographie de l'époque, voici le même texte réécrit selon nos codes actuels. « On fait une boîte à fondre la monnaie. Voici la construction. La boîte doit être d'une grandeur raisonnable pour pouvoir contenir différentes pièces d'argent de plusieurs grandeurs. On y met un couvercle comme en H. La boîte doit avoir un trou comme I. On fait un trait noir de la largeur du trou, qui tourne autour de la boîte, comme il est marqué par les lignes ponctuées jusqu'à K. La boîte doit être noircie par le dedans ; vous roulez la boîte sur la table, et vous dites : « *Messieurs, voulez-vous voir fondre de l'argent, vous n'avez qu'à mettre une pièce de monnaie dans ma boîte.* » Lorsqu'on l'aura mis, vous ferez couler l'argent par le trou de la boîte dans votre main ; et en faisant semblant de prendre de la poudre de perlimpinpin, vous mettez l'argent dans votre gibecière, ou dans votre poche, et vous montrez la boîte où il n'y a plus rien. »

Malgré la simplicité du trucage, la boîte devait faire illusion à cette époque. Nous sommes sans doute tellement habitués à voir des spectacles d'illusionnisme extraordinaires qu'une simple disparition d'une pièce nous paraît simpliste. Cependant la simplicité est souvent encore de nos jours le meilleur atout du magicien.

Les voleurs de pièces d'or

Ce que voient et entendent les spectateurs

Le magicien sort d'un vieux pot en terre cuite cinq pièces d'or qui appartenaient, raconte-t-il, à un jeune avare et il étale ces pièces sur la table. Puis il montre deux autres pièces, identiques aux précédentes, mais sur lesquelles se trouvent collées, sur une face, les figures patibulaires de deux voleurs. Ces derniers avaient entendu parler des pièces d'or cachées dans le pot et ils connaissaient l'endroit de la cuisine où se trouvait ce fameux pot en terre cuite.

Lorsque les voleurs arrivent dans la cuisine, ils trouvent facilement le pot et commencent par se partager le butin. Le magicien prend dans chacune de ses mains un « voleur » et ramasse alternativement dans chaque main les pièces d'or qui sont étalées en ligne sur la table. La main droite commence par ramasser une pièce, puis la main gauche fait de même, et ainsi de suite.

Tout à coup, les voleurs entendent du bruit dans la chambre du premier étage où dormait le jeune avare. Pris de panique, ils remettent vite en place les pièces et se cachent chacun de leur côté, l'un dans le salon, l'autre dans le placard à balais.

Le magicien repose les 5 pièces d'or, une à une, et il écarte les mains pour montrer que les voleurs se sauvent chacun dans une direction. De la lumière apparaît au premier étage, l'avare doit être en train de sortir de son lit, il fait quelques pas puis, n'entendant aucun bruit, il se recouche. Après un temps assez long, les voleurs entendent l'avare qui commence à ronfler et ils sortent de leur cachette. Ils reprennent chacun leur part de butin. Le magicien reprend une à une les pièces d'or. D'abord de la main droite, puis de la gauche, et ainsi de suite.

Sortant en catimini de la cuisine, les voleurs passent par une ruelle. Quelques rues après, ils se trouvent nez à nez avec une patrouille de police. Cette promenade des deux noctambules paraissant suspecte, les policiers leur demandent leurs papiers. Comme les voleurs n'ont pas leurs papiers sur eux, ils les embarquent dans le fourgon de police pour une vérification plus approfondie. Ils sont fouillés mais les policiers ne trouvent rien de suspect dans leurs poches et ils les relâchent. Le magicien ouvre sa main gauche et montre que les deux « voleurs » partent tranquillement. Il n'y a en effet dans sa main gauche que les deux pièces représentant les voleurs.

Le magicien explique que les voleurs ont eu le temps de remettre leur butin à un troisième larron qui surveillait la ruelle donnant sur la porte de la cuisine. Dans l'autre main se trouvent en effet les cinq pièces d'or. Surprise des spectateurs qui pensaient que les pièces d'or se trouvaient en compagnie d'un voleur dans chaque main du magicien.

Matériel nécessaire et préparation

1. Sept pièces de monnaie identiques. Des pièces dorées peuvent sans doute remplacer de vrais pièces en or. Vous collez des effigies de visages patibulaires sur deux pièces, d'un seul côté, ce sont les « voleurs ».

2. Un vieux pot en terre cuite, ou tout autre accessoire pour mettre les pièces dedans.

Le travail caché du magicien

Après avoir sorti les pièces du pot, vous étalez cinq pièces côte à côte sur la table. Vous prenez dans chaque main un « voleur », puis, mains fermées, vous vous partagez le butin en commençant par prendre une pièce de la main droite à l'aide du pouce et de l'index et vous la mettez dans votre main toujours fermée. Vous faites de même avec la main gauche, puis avec la main droite, puis encore avec la main gauche et la dernière pièce est prise en main droite.

Étant donné qu'il n'y a que 5 pièces et deux pièces « voleurs », vous avez donc 3 pièces en main gauche et quatre pièces en main droite.

Lorsque les voleurs entendent du bruit et remettent en place les pièces, vous commencez par poser les deux pièces « voleurs ». Pour cela, vous les retournez dans votre main de telle sorte qu'en les posant sur la table ces deux pièces se retrouvent avec leurs faces, où sont collées les figures, vers le bas ; ces pièces apparaissent donc comme étant des pièces d'or.

Au cours de cette remise en place des pièces, c'est la main gauche qui commence par poser une première pièce « voleur », puis la main droite, puis la gauche, puis la droite et enfin la gauche. Sur la table, il y a donc 5 pièces d'or. Puisque vous avez commencé par la main gauche, qui ne contenait que 3 pièces, cette main est donc vide, alors que les spectateurs pensent qu'elle contient encore un « voleur ». Par contre, la main droite contient à présent encore deux pièces.

Après avoir entendu le bruit des ronflements de l'avare, les voleurs reprennent les pièces d'or étalées. La main droite commence la première et reprend une pièce, la main gauche reprend une pièce « voleur », la main droite reprend une pièce, la gauche reprend une pièce « voleur », la droite reprend la dernière pièce.

La main gauche, vide au départ, contient à présent les deux pièces « voleurs ». La main droite, qui avait déjà deux pièces, reprend trois pièces d'or, ce qui porte à cinq le nombre de pièces dans la main droite.

Lorsque vous ouvrez les mains, vous montrez les deux « voleurs » dans la main gauche et les cinq pièces dans la main droite. Comment diable, se demandent les spectateurs, ces pièces ont-elles pu, sous leur nez, passer d'une main dans l'autre ? Ce tour est très simple et les spectateurs n'ont pas aperçu de mouvement suspect ; seule la méthode de comptage est une illusion.

Le mystère du neuf mis en pièces

Ce que voient et entendent les spectateurs

Le magicien étale sur la table 26 pièces de monnaie en les disposant sous forme du chiffre 9 ainsi que le montre le schéma ci-dessous.

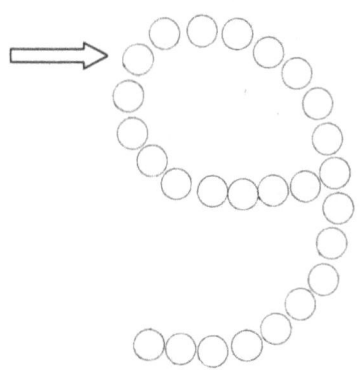

Le magicien tourne le dos et demande à un spectateur de penser à un nombre compris entre 10 et 30. Le spectateur doit compter un nombre de pièces, égal au nombre choisi, en suivant le circuit formé par les pièces du chiffre 9 tel qu'il est dessiné ci-contre.

Le spectateur doit compter d'abord en partant de l'extrémité inférieure du 9 et en continuant dans le sens inverse des aiguilles d'une montre, jusqu'à ce qu'il arrive au nombre qu'il a choisi. Ensuite, il doit compter en commençant par la dernière pièce à laquelle il s'est arrêté et en tournant dans le sens des aiguilles d'une montre, sans repasser par la queue du 9, jusqu'à ce qu'il arrive de nouveau au nombre choisi.

Le spectateur est prié de poser son doigt sur la dernière des pièces qu'il vient de compter puis de mettre sous cette pièce un petit morceau de papier, un confetti que lui donne le magicien, par exemple. Le magicien se retourne et prétend qu'il peut détecter l'empreinte digitale du spectateur laissée sur la pièce qu'il a touchée. Il prétend également que les effluves magnétiques du spectateur ont fait légèrement changer la couleur de la pièce. Le magicien indique alors la pièce touchée par le spectateur et vérifie que le confetti se trouve bien dessous.

Matériel nécessaire et préparation

1. 26 pièces identiques ou non.

Nous verrons que ce nombre de pièces peut être quelconque. En effet, quel que soit le nombre choisi, le spectateur s'arrêtera toujours automatiquement sur la pièce désignée par une flèche sur le dessin ci-dessus. Il faut donc changer le nombre de pièces pour présenter de nouveau le tour.

Le travail caché du magicien

Le magicien n'a rien d'autre à faire qu'à repérer la pièce sur laquelle tombe automatiquement le spectateur. Puisque la pièce finale ne dépend pas du choix du nombre, il suffit pour le magicien de choisir un nombre peu supérieur à 10 et d'effectuer mentalement le même type de comptage que le spectateur.

Comment ça fonctionne ?

La queue du 9 comporte exactement 9 pièces, dans l'exemple considéré. Supposons que vous choisissiez le nombre 12. Lorsque vous arrivez sur les pièces formant la « tête » du 9, vous comptez jusqu'à 12 dans le sens inverse des aiguilles d'une montre. Vous comptez donc $12 - 9 = 3$ pièces dans le sens anti-horaire, après avoir quitté la queue. Puis, en comptant 12 ensuite dans le sens horaire, vous recomptez de nouveau 3 pièces avant d'arriver à la queue du 9, puis vous comptez ensuite 9 pièces afin d'arrivez à votre nombre. La pièce finale est donc donnée par le nombre de pièces de la queue comptées à partir de l'attache de cette queue sur la « tête ».

Vous pouvez refaire le tour en ajoutant quelques pièces à la queue de votre 9. Le principe sera toujours le même mais la pièce finale sera repérée en fonction du nombre de pièces de la queue. Si vous rajoutez également quelques pièces dans la « tête » en l'élargissant, vous brouillez un peu plus la piste lorsque vous recommencez le tour.

Cache-cache à pile ou face

Ce que voient et entendent les spectateurs

Le magicien place sur une table une poignée de pièces de monnaie. Il rappelle aux spectateurs que les pièces comportent sur une face l'inscription de la valeur de la pièce sous forme d'un chiffre ou d'un nombre : c'est le côté appelé pile. Sur l'autre face, des personnages, réels ou mythiques, sont généralement dessinés : c'est le côté face.

Il se retourne et demande à un spectateur de tourner les pièces, une à une, au hasard. À chaque fois qu'il retourne une pièce, le spectateur doit la tenir une demi seconde entre le pouce et l'index, puis la poser sur la table en la retournant et en annonçant « Retournée ».

Le spectateur retourne autant de pièces qu'il veut. Une même pièce peut être retournée autant de fois qu'il le désire.

Lorsque le spectateur est lassé de ce petit jeu, le magicien lui demande de cacher avec une main une pièce quelconque. Le magicien se retourne lorsque le spectateur le demande ; il annonce avec certitude si la pièce en question est du côté visible pile ou face.

Matériel nécessaire et préparation

1. Une dizaine ou plus de pièces de monnaie quelconque.
Aucune préparation.

Le travail caché du magicien

Lorsque le magicien se retourne, il a auparavant compté le nombre de « faces ». Quand il entend le mot « Retournée », le magicien ajoute au nombre de « faces » une unité. Lorsque, après s'être retourné, le magicien trouve une somme qui est paire, il y aura un nombre pair de « faces ». Par contre, si la somme est impaire, le nombre de côtés « faces » sera impair.

En se retournant, le magicien compte les pièces qui montrent leur côté face. S'il y en a un nombre pair, la parité de ce nombre correspond au nombre que le magicien a mentalement compté. Par conséquent aucune pièce face n'est cachée ; le spectateur cache donc une pièce côté pile.

Inversement, si la somme est impaire, et que le magicien compte un nombre pair de pièces côtés faces, cela signifie qu'il manque une pièce côté face. Donc la pièce cachée est une pièce côté face.

Comment ça fonctionne ?

Supposons qu'il y ait au départ 3 « faces » et 4 pièces « piles ». Vous comptez le nombre de faces, soit 3 et vous vous retournez. Lorsque le spectateur retourne une pièce face, le nombre de pièces faces devient pair ; dans le cas présent, il reste 2 faces. Si le spectateur retourne une pièce pile, la parité du nombre de faces reste la même que dans le cas précédent puisqu'on a alors 4 pièces du côté pile.

Par contre, supposons que l'on parte avec un nombre de faces égal à 4, donc pair. Si l'on retourne une pièce pile, le nombre de faces devient impair, égal à 5 dans notre exemple. Si l'on retourne une pièce face, le nombre de faces devient égal à 3 ; il s'agit encore d'un nombre impair.

Finalement, la somme du nombre de faces de départ plus le nombre de pièces retournées donnera bien un nombre pair de pièces si cette somme est paire. De même, si la somme est impaire, le nombre de faces sera impair. Après vous être retourné, vous comptez le nombre de pièces faces. La parité du résultat de votre comptage vous permet d'en déduire immédiatement si la pièce manquante est pile ou face.

Gagnez un billet de 100 euros

Ce que voient et entendent les spectateurs

Le magicien sort de son portefeuille un billet de 100 euros et le pose sur la table en demandant aux spectateurs s'il veulent gagner un tel billet. Pour cela, il faut que les joueurs s'engagent également en lui prêtant 4 billets de 20 euros.

Ne connaissant pas les règles du jeu, les spectateurs vont hésiter à prêter un billet. Le magicien se résigne à demander des billets de 10 ou 5 euros. Mais il promet que les billets seront rendus aux spectateurs et que le seul risque est de gagner un billet de 100 euros. « Mieux que le PMU ou le loto. Ici on gagne sans rien payer. C'est vraiment le pays de la magie. » Fait remarquer le magicien.

Le magicien place les quatre billets, trois de 20 euros, par exemple, et un de 100, sur la table en les plaçant côte à côte ainsi que le montre la photo ci-dessous. (Les chiffres marqués en dessous des billets ne figurent que pour l'explication ultérieure).

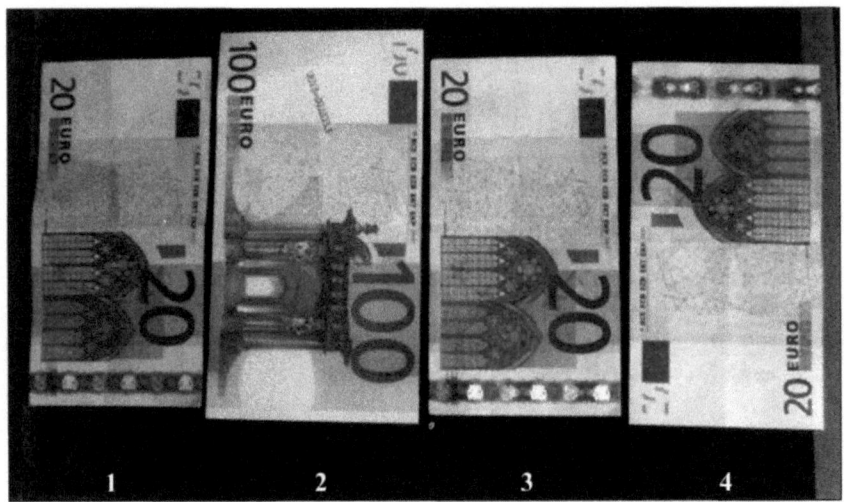

Le jeu pour gagner le billet de 100 euros va consister à permuter le billet de 100 euros avec l'un de ceux qui se trouve à ses côtés, à gauche ou à droite. Un certain nombre de permutations seront faites au hasard par le spectateur, le magicien ayant le dos tourné. Puis le magicien demandera au spectateur de retirer, un à un, trois billets qu'il gardera. Il peut ainsi gagner le billet de 100 euros.

Le magicien montre comment il faut faire les permutations entre le billet de 100 euros et ceux adjacents. Puis il se retourne et demande au spectateur de se concentrer à l'avance sur la permutation qu'il va lui demander d'effectuer car le magicien va suivre mentalement les permutations. « Attention, faites une permutation » ordonne le magicien. « Concentrez-vous de nouveau. Faites une nouvelle permutation ». Le magicien fait faire ainsi 5 permutations par le spectateur.

Toujours le dos tourné, le magicien demande au spectateur de retirer le billet qui se trouve à l'extrémité droite de la file des quatre billets que le spectateur a devant lui. Le spectateur s'exécute et enlève un billet qui se trouve être l'un de ceux de 20 euros.

Il reste trois billets sur la table. « Concentrez-vous encore. Plus sérieusement. Mon billet de 100 euros est en jeu. Faites encore une permutation. » Le spectateur s'exécute et le magicien lui demande de retirer le billet de gauche, puis le billet de droite. Le magicien se retourne et chacun voit que le billet restant est celui de 100 euros.

Matériel nécessaire et préparation

1. Un billet de 100 euros ou même de 500. On trouve chez les marchands d'articles de magie des fac-similés de tels billets. Remarquez que le billet sur la photo est précisément un fac-similé car les imitations doivent porter une telle empreinte. Vous pouvez fabriquer vous-même de magnifiques reproductions de billets de banque grâce à un scanner et une bonne imprimante.

2. Prévoir des billets supplémentaires de 10 ou 20 euros car les spectateurs n'ont pas nécessairement des billets sur eux.

Le travail caché du magicien

Après avoir mis en place les quatre billets, vous spécifiez bien que le billet de 100 euros doit permuter uniquement avec les billets adjacents, ceux qui se trouvent à sa gauche ou à sa droite immédiate. Vous faites une ou deux permutations.

Avant de tourner le dos, vous numérotez mentalement les places des billets ainsi que cela est fait sur la photo. Vous repérez ainsi le numéro de la place du billet de 100 euros. Supposons que le billet soit à la place numéro 2, donc une *place paire*. Lorsque vous faites ce tour, vous avez intérêt à toujours commencer ainsi, ce qui vous évite de vous tromper et de toujours faire enlever en premier le billet qui se trouve à l'*extrémité droite* du spectateur.

Vous faites d'abord exécuter 5 permutations. Automatiquement le billet de 100 euros va se trouver à une *place impaire*. Vous devez donc faire enlever un billet qui se trouve à une *place paire*. Le plus facile à faire enlever est celui de l'*extrémité droite*, pour le spectateur.

Si le billet de 100 euros se trouve au début sur une *place impaire*, les cinq permutations vont le faire transiter vers une *place paire*. Dans ce cas, vous devez d'abord faire enlever une carte qui se trouve sur une *place impaire*. Le plus simple est de faire enlever le billet qui se trouve à l'*extrémité gauche* pour le spectateur.

Lorsqu'il ne reste que trois billets, celui de 100 euros se trouve sur une place impaire, les deux autres étant dans des places paires. La dernière permutation va donc placer automatiquement le billet de 100 euros entre les deux autres billets. Il suffit donc de demander d'enlever le billet de gauche, puis celui de droite. Il vous reste alors le billet de 100 euros que vous récupérez.

Comment ça fonctionne ?

C'est encore une question de parité. Supposons que le billet de 100 euros se trouve au début sur un emplacement pair, comme c'est le cas sur la photo. Une première permutation va le transporter sur une place impaire ; une deuxième permutation, sur une place paire ; une troisième, place impaire, une quatrième, place paire et une cinquième, place impaire.

Vous devez donc faire enlever par le spectateur un billet qui se trouve sur une place paire qui est occupée par un billet de 20 euros. Le billet qui se trouve à l'extrémité droite est le mieux situé. Il laisse en effet les trois autres billets côte à côte. Le billet de 100 euros se trouve alors sur l'une des places impaires 1 ou 3.

Une nouvelle permutation va placer le billet de 100 euros sur une place paire, c'est-à-dire entre les deux billets de 20 euros. Il ne vous reste alors plus qu'à faire enlever les billets situés à gauche et à droite pour garder vos 100 euros.

Le même tour avec six billets

Si vous voulez apparemment compliquer un peu le jeu, vous pouvez utiliser le même principe de parité en jouant avec un billet de 100 euros et 5 billets de 20 euros. Vous disposez de même que précédemment vos six billets pour former une ligne comme le montre la photo ci-dessous.

Supposons à présent que votre billet de 100 euros soit à la troisième place en partant de la gauche, c'est donc une place impaire. Vous faites exécuter 5 permutations comme précédemment.

Le billet de 100 euros occupe alors une position paire après ces 5 permutations. Il faut donc éliminer un billet qui se trouve sur une place impaire. Le plus simple est d'éliminer le billet qui se trouve à l'extrémité gauche de la ligne.

Vous faites faire ensuite 3 permutations afin de replacer les 100 euros dans une position impaire. Vous devez alors éliminer un billet qui se trouve en position paire. Le plus simple est d'éliminer le billet qui se trouve à l'extrémité droite.

Remarquez que vous pouvez demander seulement d'effectuer une seule permutation. Un nombre impair de permutations changera toujours la parité des 100 euros lors de ses déplacements.

Il reste alors 4 billets, le billet de 100 euros étant en position impaire. Vous demandez d'effectuer une permutation qui place les 100 euros en position paire. Vous faites éliminer un billet en position impaire, celui qui se trouve en position numéro cinq ; c'est le billet qui se trouve à l'extrémité droite.

Parmi les trois billets qui restent, le billet de 100 euros est en position paire ; il se trouve donc en position 2 ou 4. Vous demandez de faire une nouvelle permutation. Les 100 euros se retrouvent alors en position impaire, donc en position 3. Vous éliminez alors les billets en positions 2 et 4 qui se trouvent à gauche et à droite des 100 euros. Il reste sur la table votre billet de 100 euros.

Le magicien Alain Noël fait apparaître des billets de banque qu'il offre à sa partenaire Zena
L'argent est-il le grand séducteur des femmes ?

Enrichissez-vous en comptant : 6 – 3 = 6

Ce que voient et entendent les spectateurs

Le magicien sort de son portefeuille une petite liasse de billets de banque. Il raconte qu'il vient de croiser dans la rue Merlin l'enchanteur. Il connaît bien Merlin car l'an dernier il avait passé ses vacances en forêt de Brocéliande, dans les Côtes d'Armor, où habite Merlin. Celui-ci l'avait initié à quelques nouveaux enchantements et il lui avait donné, en particulier, 6 billets de banque enchanteurs.

Le magicien compte les billets de banque : un, deux, trois, quatre, cinq, six. Il demande à un enfant, parmi les spectateurs, s'il sait compter jusqu'à six et s'il veut venir pour apprendre à gagner de l'argent.

Le gamin vient à côté du magicien qui lui demande de tendre la main, bien à plat. Le magicien compte trois billets en les sortant de sa liasse et il les dépose un à un sur la main tendue de l'enfant. « Combien reste-t-il de billets dans ma main ? » demande le magicien.

Si l'enfant hésite, le magicien pose la question au public qui répond « Trois ». Le magicien rappelle qu'il s'agit des billets enchanteurs de Merlin et compte à nouveau les billets : un, deux, trois, quatre, cinq, six.

De nouveau, le magicien enlève trois billets et il les pose dans la main du gamin. Combien en reste-t-il, demande-t-il au public, toujours innocemment. Certains répondront six, d'autres trois. Le magicien recompte les billets qui se trouvent toujours au nombre de six.

« Vous voyez que ce sont bien des billets enchanteurs venus en direct de la forêt de Brocéliande. Mais peut-être les enchantements ne durent-ils qu'un temps. Si j'enlève à présent deux billets, combien en reste-t-il ? » Le public répond quatre ou six. Mais le magicien montre qu'il ne lui en reste plus qu'un seul en main. « Les enchantements magiques ne permettent pas de s'enrichir éternellement. Il faut attendre la prochaine saison lunaire », conclut le magicien.

Matériel nécessaire et préparation

1. Quatre billets ordinaires de 50 euros.
2. Vous pouvez acheter des fac-similés de billets chez des marchands d'articles de magie ou bien fabriquer des copies avec votre ordinateur et une bonne imprimante. Il va falloir en effet sacrifier 9 billets de 50 euros en les découpant et collant selon la description suivante. Sauf si vous roulez sur l'or, il vaut donc mieux utiliser de faux billets.

Un billet truqué est fabriqué en collant un morceau d'un autre billet, coupé en biais, de telle sorte qu'il constitue une sorte de pochette dans laquelle vous pouvez glisser des billets. La photo ci-contre montre cette pochette avec trois billets dedans.

Les trois billets qui sont glissés dans la pochette ont été légèrement rétrécis en découpant sur toute la hauteur et sur toute la largeur, une bande d'environ un millimètre de large. Cela permet de les mettre facilement dans la pochette et ils sont entièrement cachés par le billet formant pochette lorsque ce dernier est tourné de l'autre côté, face au public. Celui-ci voit un billet « normal » de 50 euros.

3. Un billet derrière lequel ont été collés trois morceaux de billets découpés de telle sorte qu'ils semblent former un petit éventail de quatre billets, ainsi que le montre la photo de gauche ci-dessous. En tenant cet éventail, la main cache le bas des billets et l'ensemble donne l'illusion de quatre billets formant un éventail.

Les trois morceaux de billets sont collés les uns sur les autres, sauf vers leurs extrémités supérieures afin de conserver l'illusion de billets indépendants. De même ces morceaux sont ensuite collés sur le billet intact en laissant également libre la partie supérieure.

Les trois morceaux de billets sont collés sur le billet intact par une bande qui permet de replier les morceaux derrière le billet intact. La photo de droite ci-dessus montre les trois morceaux de billets repliés derrière le billet intact. Lorsque ce dernier est montré face au public, il donne l'illusion d'un billet ordinaire.

Le travail caché du magicien

Vous sortez de votre portefeuille l'ensemble des billets ainsi préparés en une seule liasse. Vous placez les billets dans l'ordre suivant, face au public : quatre billets normaux non truqués, le billet ayant collés derrière lui les trois morceaux, le billet pochette contenant les trois billets rétrécis.

Vous étalez ces billets en éventail et vous les comptez en montrant les deux ou trois premiers de face et de dos, puis rapidement les autres de face : un, deux, trois, quatre, cinq et six. Vous repliez l'éventail et vous enlevez les trois premiers billets normaux en les mettant dans la main tendue de l'enfant. Vous demandez au public combien il reste de billets et vous vous apprêtez à compter six billets.

Vous avez alors en main, face au public : un billet normal, le billet avec trois morceaux derrière, le billet pochette contenant les trois billets rétrécis. Vous pouvez alors sortir du billet pochette, en les faisant glisser, les trois billets rétrécis et les étaler en éventail. Vous continuer à former un éventail de 6 billets avec les deux autres « billets » et le billet normal.

Vous faites passer derrière l'éventail le billet derrière lequel sont collés trois morceaux repliés. Vous fermez l'éventail. Vous mettez dans la main de l'enfant : le billet pochette, deux billets rétrécis. Vous fermez l'éventail. Vous demandez au public combien il reste de billets. Celui-ci répondra six ou trois. Vous allez montrer au public qu'il reste six billets.

Il vous reste alors en main, face au public : un billet rétréci, un billet normal, le billet derrière lequel sont collés trois morceaux. Les billets formant une liasse, vous dépliez les morceaux de billets qui se trouvent derrière la liasse en ouvrant en même temps les deux autres billets. Vous montrez ainsi un éventail de six billets.

Vous repliez l'éventail et vous avez alors en main : deux billets dont l'un est rétréci, le billet avec trois morceaux collés derrière. Vous déposez dans la main tendue le billet aux trois morceaux et un autre billet. Vous demandez au public le nombre de billets qui restent. Le public répondra six, ou quatre ou trois. Vous montrez qu'il ne vous reste plus en main qu'un seul et unique billet.

Vous concluez : « Les enchantements magiques ne permettent pas de s'enrichir éternellement. Il faut attendre la prochaine saison lunaire. »

Nelson Downs – « Roi des pièces »

Chapitre 4

Devenez
un calculateur prodige

Jacques Inaudi (1867-1950), calculateur prodige,
lors d'une séance publique de démonstration dans les années 1910

Calculateurs prodiges

Certains génies scientifiques avaient d'incroyables capacités de calcul mental alliées à une mémoire fantastique. C'est le cas, par exemple, du mathématicien et physicien Karl Friedrich Gauss (1777-1855). A l'âge de cinq ans, l'instituteur lui demanda de calculer la somme des cent premiers chiffres ; Gauss inscrivit presque instantanément le résultat sur son ardoise car il venait de démontrer la formule générale pour calculer la somme de n'importe quelle suite arithmétique.

Mais ce qui impressionnait encore plus les foules autant que le monde des scientifiques, c'est l'existence de calculateurs prodiges souvent quasiment illettrés, capables de performances calculatoires particulièrement remarquables. Dès la plus haute Antiquité, des calculateurs prodiges sont répertoriés ; d'autres sont régulièrement signalés au cours des siècles.

Jacques Inaudi (1867-1950) fait partie de cette longue lignée des calculateurs prodiges qui exercèrent leurs talents capables d'ébaubir leurs contemporains. Il était pâtre lorsque, tout enfant, il montra pour le calcul mental une aptitude extraordinaire. Conduit à Paris, en 1880, il y obtint un vif succès de curiosité et continua par la suite à faire des exhibitions dans des séances d'illusionnisme.

Les extractions de racines carrées, cubiques ou d'ordres plus élevés de très grands nombres font partie des exploits des calculateurs prodiges. Quelques illusionnistes mettent à leur programme des démonstrations d'extraction de racines sans pour autant être de véritables virtuoses du calcul mental. Nous avons décrit quelques techniques d'illusionnisme utilisées pour cela dans notre précédent ouvrage [Hié1].

Malgré l'apparition des calculs par informatique, les calculateurs prodiges continuent d'étonner. Ils font évidemment plus fort que leurs prédécesseurs. C'est le cas d'Alexis Lemaire qui, le 6 avril 2005, a établi un record du monde de calcul mental avec l'extraction de la racine treizième d'un nombre comportant 200 chiffres. Effarant ; essayez d'imaginer un nombre avec 200 chiffres.

Il ne s'agit plus d'un personnage inculte mais d'un étudiant de maîtrise poursuivant un cursus de Master d'informatique à l'université de Reims. Comme tout les calculateurs prodiges, il possède la capacité de mémoriser des quantités phénoménales de résultats de calculs qui peuvent lui être utiles dans ses démonstrations. De plus, il est capable d'élaborer des algorithmes particuliers afin de réduire les temps de calculs.

Ainsi l'extraction de la racine treizième d'un nombre de 200 chiffres a été effectuée en 8 minutes et 33 secondes de calcul mental. Le résultat est un nombre comportant 16 chiffres, c'est-à-dire de l'ordre de dix millions de milliards.

Je vais vous proposer de bien plus modestes performances, limitées à des multiplications assez impressionnantes ou des divisions mais en utilisant des propriétés des nombres ou des trucs relevant de l'illusionnisme. On est donc loin d'un calculateur prodige mais vous pouvez cependant faire illusion le temps d'une soirée.

Le cheval *Hans*, à Elberfeld, dans les années 1900.
Ses maîtres lui apprennent à « compter »

Des animaux qui « calculent »

Dans son remarquable ouvrage [Reg1], *Les calculateurs prodiges*, le docteur Jules Regnault consacre une partie d'un chapitre aux animaux qui auraient appris à compter. Ces animaux savants furent exhibés au cours du début du 20e siècle.

Il signale le cas d'un étalon russe, *Hans*, qui était capable de faire de petites additions en frappant avec son sabot un nombre de coups correspondant au total. Un autre cheval arabe, *Muhamed*, s'avéra encore plus doué que *Hans* car son propriétaire lui faisait extraire des racines cubiques de nombres à 5 et 6 chiffres.

Des commissions comportant des scientifiques de diverses disciplines vinrent examiner ces phénomènes. Sans être capables de donner une explication rationnelle à ces capacités de calcul, ils ne découvrirent pas de trucage apparent et conclurent à des réactions plus ou moins inconscientes des maîtres et dresseurs qui étaient présents lors de ces calculs, réactions que le cheval était capable de percevoir. Aucun illusionniste ne faisait partie des commissions ce qui semble très regrettable.

Cependant l'expérience faite par le docteur H. Hubnell semble témoigner en faveur d'un véritable apprentissage du « calcul » par le cheval *Muhamed*. Se trouvant seul avec le cheval, il écrivit sur le tableau noir utilisé pour les exhibitions le signe + de l'addition, puis, de chaque côté de ce signe, il posa sans le regarder un carton portant un chiffre qu'il prit au hasard et ne connaissait donc pas. Le cheval *Muhamed* frappa nettement quinze coups avec son sabot. Le docteur regarda alors les chiffres inscrits et vit 7 et 8. Il fit faire au cheval d'autres additions de deux ou trois chiffres et les réponses furent toujours bonnes. Pour la multiplication 9×3, *Muhamed* frappa exactement 27 coups. Visiblement, l'influence de quelqu'un connaissant la solution des problèmes ne semblait pas répondre à la question de savoir comment le cheval donnait les bonnes réponses. Il est dommage que le docteur Regnault, illusionniste à ses heures sous le nom de *Professeur Magus*, ne donne pas de commentaires sur les astuces possibles pour ce genre de « calcul ».

Deux multiplications d'un coup

Ce que voient et entendent les spectateurs

« Faire une multiplication de tête avec des nombres à trois chiffres est déjà compliqué mais en faire deux de suite en se rappelant les résultats l'est encore plus. Je vais cependant essayer de ne pas me tromper dans cet exercice » dit le magicien.

Prenant une feuille de papier et un crayon feutre, le magicien demande à un spectateur de lui indiquer un nombre quelconque de trois chiffres. Il inscrit ce nombre en chiffres assez gros sur la feuille afin que tous les spectateurs puissent le voir. Puisqu'il avait annoncé deux multiplications, il inscrit de nouveau ce même nombre à droite du précédent, suffisamment éloigné. Par exemple, supposons que le spectateur indique 652, le magicien inscrit sur la feuille :

$$652 \qquad\qquad\qquad 652$$

Le magicien peut alors choisir un spectateur différent du précédent et lui demander : « Indiquez-moi un autre nombre de trois chiffres… 783, dites-vous, parfait ». Il inscrit le nombre 783 sous 652 situé à gauche de la feuille et enchaîne en disant : « Ce nombre est grand, vous ne me facilitez pas la tâche. Je vais mettre un nombre plus petit pour faire la seconde multiplication ». Le magicien écrit alors en dessous du deuxième 652 le nombre 216. La disposition sur la feuille de papier est donc la suivante :

$$\begin{array}{r} 652 \\ \times\ 783 \end{array} \qquad\qquad \begin{array}{r} 652 \\ \times\ 216 \end{array}$$

« Non seulement je vais faire mentalement ces deux multiplications mais je fais également l'addition des deux résultats » ajoute le magicien en se concentrant fortement. À peine quelques secondes après le magicien écrit en grands caractères sur la feuille le total des deux multiplications, soit : 651 348.

La magicien donne une petite calculatrice à un spectateur en le priant de vérifier le résultat. Après calcul, le spectateur vérifie bien que c'est la somme du produit des deux multiplications faites avec des chiffres aléatoires donnés par le spectateur.

Matériel nécessaire et préparation

1. Une feuille de papier et un stylo feutre.
2. Une calculatrice

Le travail caché du magicien

La seule difficulté est de faire croire au public que le nombre que vous avez écrit, à savoir 216, est un nombre quelconque choisi par hasard. C'est une question de présentation. Le choix de ce nombre est en effet la clé du succès de votre pseudo calcul.

Remarquez en effet que le nombre 216 auquel vous additionnez 783 vous donne 999. La somme des deux multiplications est donc égale à :
$$652 \times 999 = 652 \times (1\,000 - 1) = 652\,000 - 652 = 651\,348$$

Votre soit disant calcul des multiplications et de leur addition se limite donc à faire une multiplication par 1 000 et à soustraire le nombre donné par le spectateur. La plus grosse difficulté consiste à écrire, en donnant l'impression d'un nombre choisi au hasard, le complément à 999 du nombre choisi par le spectateur.

Autres possibilités

Si vous êtes assez bon en calcul mental, vous pouvez prendre le complément de 783 à 998 au lieu de 999. Dans ce cas vous inscrivez 215 sous le chiffre de droite, à la place de 216. Cette première étape est la plus facile.

Pour obtenir à présent le résultat final, il faut multiplier par 2 le premier nombre donné par le spectateur, soit : $652 \times 2 = 1\,304$. Vous pouvez le faire pendant qu'un deuxième spectateur donne le deuxième nombre, ici 783. Enfin, lorsque vous faites semblant de calculer les deux multiplications puis d'additionner les résultats, vous devez soustraire de 652 000 le nombre 1 304. Vous obtenez : $652 \times 998 = 650\,696$.

Le complément de 783 peut également être pris à 990. Dans ce cas, le nombre que vous choisissez est égal à 990 − 783 = 207. Vous devez donc enlever 10 fois 652, soit 6 520, à 652 000 ; on obtient : $652 \times 990 = 645\,480$, pour résultat final.

Division mathémagique des jumeaux

Ce que voient et entendent les spectateurs

Le magicien demande à un spectateur de choisir un nombre de trois chiffres et de l'inscrire sur une feuille de papier. « Ce nombre a-t-il un jumeau homozygote, c'est-à-dire un nombre qui aurait les mêmes gènes ? Or les gènes des nombres sont évidemment les chiffres. Donc il a un jumeau, c'est-à-dire strictement le même nombre que celui que vous venez d'écrire. Placez donc ce jumeau dans la même poussette que son frère en écrivant à côté du premier nombre le même nombre. » (Par exemple, le nombre choisi par le spectateur est 753, il écrit à côté le même nombre et forme le nombre 753 753).

« Nous allons à présent voir comment la vie peut séparer les jumeaux mais que même en divisant le nombre formé par ces deux jumeaux, on retrouve l'un des deux dans le résultat de la division. Le nombre que vous avez formé comporte 6 chiffres. Est-il possible de diviser exactement par deux ce nombre ? » demande le magicien. Le spectateur fait la division par deux sur le papier ou bien, sachant que tout nombre pair est divisible par deux ce qui est précisément leur définition, répond oui ou non. Selon la réponse, le magicien en conclut que le nombre écrit est pair ou impair.

« Faites à présent le total des deux premiers chiffres de ce nombre à six chiffres et dites-nous ce total » demande le magicien. Ce dernier se concentre et semble faire des calculs mentaux, puis il dit : « J'ai fait quelques calculs de probabilité concernant les 999 999 nombres à 6 chiffres et je pense que votre nombre doit être divisible exactement par 91. Je vais vous prêter cette calculatrice pour vous aider à faire la division. »

Lorsque la division est faite, le résultat montre que le nombre est bien divisible par 91, sans reste, alors que le magicien ne connaît pas le nombre écrit par le spectateur. C'est déjà une performance digne d'un calculateur prodige !!!

« Pour montrer que dans un nombre formé par deux nombres jumeaux on retrouve l'un ou l'autre, il faut encore diviser votre résultat, que je ne connais pas, par un autre nombre. Voyons votre résultat de division est-il pair ou impair ? » Quelle que soit la réponse, le magicien fait encore des calculs mentaux de probabilité et conclut que le résultat obtenu doit être divisible par 11 afin que le spectateur puisse retrouver l'un des nombres jumeaux. Le spectateur fait la division et constate qu'il retrouve bien le nombre à trois chiffres, l'un des jumeaux, dont il était parti. Les talents de calculateur prodige du magicien sont applaudis.

Matériel nécessaire et préparation

1. Une petite calculatrice de poche.
2. Du papier et de quoi écrire.

Le travail caché du magicien

Le travail caché du magicien consiste essentiellement à noyer le poisson dans un pseudo calcul mental soi-disant statistique, ou de tout autre acabit. Le magicien n'a en effet aucun calcul à faire.

Tout nombre de 6 chiffres formé par deux fois la même série de 3 chiffres est toujours divisible par : 7, 11, 13, 77, 91, 143.

Vous pouvez donc raconter ce que vous voulez et les questions que vous posez ont seulement pour rôle de donner des mauvaises directions aux spectateurs. Autrement dit, elles ne servent à rien.

Il vous est loisible de faire faire 2 divisions successives en prenant comme diviseurs, au choix, les nombres suivants : 7 et 143, 11 et 91, 13 et 77. Vous pouvez également procéder en faisant faire 3 divisions successives en prenant comme diviseurs : 7, 11 et 13.

Quel que soit le mode opératoire, la dernière division redonne le nombre initial de 3 chiffres choisi par le spectateur et que le magicien ignore jusqu'à la fin.

Comment ça fonctionne ?

Écrire un nombre de 6 chiffres en écrivant deux fois le même nombre de 3 chiffres, cela revient à multiplier le premier nombre par 1 001. Par exemple :

753 753 = (753 × 1 001) = (753 × 1 000) + 753 = 753 000 + 753 = 753 753

Donc tout nombre formé par deux « jumeaux » est divisible par 1 001. Or, les diviseurs de 1 001 sont précisément les nombres : 7, 11, 13, 77, 91, 143. Les

couples indiqués précédemment, multipliés entre eux, sont égaux à 1 001, de même que le produit des trois diviseurs. On a :
$$7 \times 143 = 11 \times 91 = 13 \times 77 = 7 \times 11 \times 13 = 1\ 001$$

Vous pouvez donc refaire éventuellement ce pseudo calcul en choisissant différents couples de nombres. Vous pouvez également enchaîner ces calculs de soi-disant probabilités en utilisant le nombre de trois chiffres déjà choisi et en continuant par le calcul précédent « Deux multiplications d'un coup ». Vous éloignez les « jumeaux » l'un de l'autre et vous enchaînez par des multiplications des « jumeaux ».

Extraction d'une racine septième

Dans notre précédent ouvrage, *Tours extraordinaires de mathémagique* [Hla1], nous avons décrit quelques techniques permettant d'extraire facilement des racines cubiques, cinquièmes et treizièmes. Il peut être intéressant de montrer que les racines d'autres ordres sont également à la portée du magicien.

Ce que voient et entendent les spectateurs

Après avoir calculé une racine cubique, le magicien annonce qu'il va faire beaucoup mieux. Il annonce qu'il va extraire une racine septième.

Le magicien prête une calculatrice à un spectateur et lui demande d'élever à la puissance 7 un nombre compris entre 1 et 100, ce qui fera déjà un nombre impressionnant de milliards. Le spectateur annonce le nombre qu'il a obtenu par son calcul.

Prenant une ardoise, ou tout autre support pour écrire, le magicien fait semblant de se concentrer fortement et écrit la racine septième du nombre annoncé par le spectateur.

Matériel nécessaire et préparation

1. Une petite calculatrice permettant d'élever à la puissance septième les nombres de 1 à 100. Puisque $100^7 = 100\ 000$ milliards, il faut une calculatrice scientifique.
2. Une ardoise ou un support quelconque pour écrire.
3. La petite table suivante qui est dissimulée dans votre support pour écrire. Vous pouvez également apprendre par cœur cette table.

chiffres	1	2	3	4	5	6	7	8	9	0
2e chiffre	1	8	7	4	5	6	3	2	9	0
1e chiffre	0,01	1	21	163	780	2 700	8 000	20 000	47 000	100 000

La racine septième va être obtenue en deux temps grâce à ce tableau. La deuxième ligne permet de déterminer le chiffre des unités de la racine et la troisième ligne, le chiffre des dizaines.

Le travail caché du magicien

Le magicien n'a aucun calcul à faire. Il se contente d'écrire le nombre que le spectateur a calculé. Il l'écrit en séparant les chiffres par tranches de trois ainsi qu'on le fait habituellement pour les grands nombres. Supposons que le spectateur annonce le nombre suivant : 2 207 984 167 552. Le magicien regarde alors discrètement son petit tableau.

Dans un premier temps, le magicien détermine le chiffre des unités de la racine cherchée. Le nombre annoncé se termine par 2. Il regarde sur son tableau, sur la deuxième ligne, où se trouve le chiffre 2. Celui-ci est sous le chiffre 8 de la première ligne. La racine septième cherchée est un nombre qui se termine par 8.

De manière générale, à chaque chiffre de la deuxième ligne correspond, sur la première ligne, le chiffre des unités de la racine.

Dans un second temps, le magicien ne s'occupe pas des 9 derniers chiffres et conserve seulement les autres. En d'autres termes il regarde combien de milliards figurent dans le nombre donné par le spectateur. Dans l'exemple, on a 2 207 milliards. Dans son tableau, le magicien remarque que 2 207 se situe entre 780 et 2 700 qui correspondent respectivement aux chiffres 5 et 6 de la première ligne du tableau. Le plus petit chiffre, ici 5, est le chiffre des dizaines de la racine cherchée. Finalement, la racine septième est égale à 58, ce que confirme le spectateur qui a fait le calcul de la puissance septième.

De manière générale, le nombre de milliards du nombre donné par le spectateur se situe entre deux nombres de la troisième ligne du tableau ce qui définit un intervalle entre ces deux nombres. Le magicien retient le plus petit chiffre de la première ligne définissant cet intervalle.

Comment ça fonctionne

Le chiffre qui termine la puissance septième d'un nombre se calcule aisément en effectuant simplement 7 fois le produit du chiffre des unités de ce nombre et en ne conservant à chaque multiplication que le chiffre des unités des produits successifs.

Il est remarquable que tous les chiffres ainsi obtenus, situés sur la deuxième ligne du tableau, sont tous différents. C'est ce qui fait évidemment l'une des astuces du pseudo calcul. Vous pourrez également remarquer que cette suite de chiffres est identique à celle que l'on obtient en élevant un nombre à la puissance trois ; en apprenant cette ligne, elle pourra vous servir à extraire des racines cubiques et septièmes.

D'autre part, les limites données sur la troisième ligne du tableau sont simplement celles que l'on obtient en calculant les puissances septièmes des différentes dizaines, entre 10 et 100, puis en les divisant par un milliard et en arrondissant.

Il faut vérifier que le fait de simplifier ces nombres, en les arrondissant, ne risque pas de les rendre inférieurs à la puissance septième située immédiatement en dessous. Par exemple, on a : $60^7 = 2\,799,36$ milliards. Le nombre immédiatement inférieur nous donne : $59^7 = 2\,488,\ldots$ milliards. En arrondissant à 2 700, les puissances septièmes des nombres ayant 5 pour dizaine sont situés sous la barre des 2 700 milliards.

— Marquise, savez-vous que le calcul mental est accessible même aux femmes ?
— Mon cher ange, nous pratiquons ce divertissement dans nos salons depuis belle lurette.

Extraction d'une racine neuvième

La technique mise en œuvre pour les racines septièmes se transpose facilement aux racines neuvièmes. Le chiffre des unités de la racine cherchée est encore plus simple à trouver puisqu'il est simplement égal au chiffre des unités de la puissance neuvième ainsi que vous pouvez le vérifier aisément. Il en est de même pour la racine cinquième.

Les limites des intervalles à déterminer sont les puissances neuvièmes des dizaines comprises entre 10 et 100. Ces puissances sont donc comprises entre 10^9, soit un milliard, et 100^9, soit un milliard de milliard. Une simplification analogue à celle décrite pour les racines septièmes doit également être effectuée pour les limites de ces intervalles qui permettent d'obtenir le chiffre des dizaines de la racine cherchée.

Mémorisez les décimales du nombre π

Des calculateurs prodiges avaient une mémoire précisément prodigieuse des nombres. Ainsi le britannique Daniel Tammet a été capable de réciter par cœur 22 514 décimales du nombre pi après trois mois d'entraînement. Pour lui, les chiffres ont non seulement des formes et des couleurs mais des caractères particuliers ; le 9, par exemple, est « intimidant ». Ses dons s'étendent également au domaine des mots ; il maîtrise une dizaine de langues dont l'islandais.

Comment expliquer ces mémoires prodigieuses qui peuvent se rencontrer dans divers domaines ? Les musiciens, tel Mozart transcrivant de tête le *Miserere* d'Allegri, ou les champions d'échecs, ont une mémoire absolument incroyable.

Le prix Nobel de médecine, Éric Kandel, avance une hypothèse en partie génétique. Selon lui, deux molécules antagonistes modulent la régulation de la mémoire à long terme. D'une part, la molécule appelée CREB-1 facilite l'apprentissage, d'autre part CREB-2 l'inhibe. Ce système moléculaire viserait à s'assurer que seules les expériences importantes et utiles pour la vie soient retenues. Les personnes dotées d'une mémoire exceptionnelle des nombres souffriraient-elles d'une altération génétique de CREB-2 ? Sans doute ces molécules jouent-elles un rôle dans la mémorisation mais bien d'autres également.

Quoi qu'il puisse en être de la réalité moléculaire, le magicien jongle avec des formules d'un autre genre. Il peut, par exemple, apprendre le poème suivant qui constitue un moyen mnémotechnique de se rappeler déjà pas mal de décimales du nombre pi. Dans ce poème, le nombre de lettres de chaque mot donne un chiffre de chaque décimale ; le nombre de lettres 10 correspondant au chiffre zéro. La ponctuation n'est pas prise en compte.

Le nombre π en poème

Que j'aime à faire connaître un nombre utile aux sages !
Immortel Archimède, artiste ingénieur,
Qui de ton jugement peut priser la valeur ?
Pour moi, ton problème eut de pareils avantages.
Jadis, mystérieux, un problème bloquait
Tout l'admirable procédé, l'œuvre grandiose
Que Pythagore découvrit aux anciens Grecs.
Ô quadrature ! Vieux tourment du philosophe.
Insoluble rondeur, trop longtemps vous avez
Défié Pythagore et ses imitateurs.
Comment intégrer l'espace plan circulaire ?
Former un triangle auquel il équivaudra ?
Nouvelle invention : Archimède inscrira
Dedans un hexagone ; appréciera son aire
Fonction du rayon. Pas trop ne s'y tiendra :
Dédoublera chaque élément antérieur ;
Toujours de l'orbe calculée approchera ;
Définira limite ; enfin, l'arc, le limiteur
De cet inquiétant cercle, ennemi trop rebelle.
Professeur, enseignez son problème avec zèle.

Ce poème nous donne les premières décimales du nombre π, soit, en coupant celles-ci pour chaque vers :
3, 1415926535/ 8979/ 32384626/ 43383279/ 50288/ 4197169/ 399375/ 105829/ 974944/ 59230/ 781640/ 628620/ 8998/ 628034/ 825342117/ 0679/ 821480/ 8651328/ 2306647/ 093844.

S'il est certes plus facile d'apprendre par cœur ce poème que d'essayer de mémorise directement les chiffres des décimales de π, l'inconvénient est d'être obligé de compter le nombre de lettres de chaque mot, ce qui est finalement trop long pour une démonstration de « mémoire prodigieuse ».

Vous pouvez cependant imaginer une présentation où vous faites semblant de calculer au fur et à mesure les différentes décimales du nombre pi. Il existe en effet un grand nombre de formules différentes pour faire ce calcul, avec un nombre de décimales de plus en plus grand. La formule d'Euler, par exemple, est la suivante

$$\pi = 2 + 2 \sum_n \frac{n!}{3 \times 5 \times 7 \times \ldots \times (2n+1)}$$

Afin qu'un spectateur puisse vérifier la véracité de vos pseudo calculs, vous lui confiez une calculatrice scientifique donnant le nombre π avec les 30 premières décimales, soit 3,1415926535/ 8979/ 32384626/43383279, ce qui est déjà amplement suffisant.

Leonhard Euler (1707-1783)
Mathématicien très prolifique, Euler créa le calcul des variations en 1744, méthode générale pour résoudre les problèmes d'extrema.
Il mit en évidence les relations entre les fonctions trigonométriques et les fonctions exponentielles ; il établit en particulier la fameuse équation $exp(i\pi) = -1$.
En physique, il établit les lois générales de l'hydrodynamique.
Il soutint la théorie ondulatoire de la lumière en complète opposition à celle de Newton. Il ébaucha une première dynamique de la lumière à propos de la pression de la lumière solaire sur la queue des comètes.

Suites de Fibonacci

Les suites de Leonardo Fibonacci (1175-1240) sont telles que chaque terme de la suite est égal à la somme des deux précédents. Si u_n est le énième terme de la suite, on a : $u_n = u_{n-1} + u_{n-2}$. Pour démarrer les suites, il faut donc se donner deux nombres arbitraires.

Quand on parle de la suite de Fibonacci, il s'agit de celle dont les deux premiers termes sont 1 et 1. La suite est alors : 1, 1, 2, 3, 5, 8, 13, 21, ...

Ce que voient et entendent les spectateurs

Le magicien invite un spectateur à écrire une suite de Fibonacci. Il lui donne la définition en lui montrant comment la construire. Il choisit l'exemple suivant en écrivant les dix premiers termes d'une suite de Fibonacci :
2, 7, 9, 16, 25, 41, 66, 107, 173, 280

Pour corser un peu la difficulté, le magicien, devenu calculateur prodige, demande au spectateur de choisir deux nombres quelconques pour démarrer la suite. Il lui conseille cependant de commencer par un chiffre, puis de prendre un nombre à deux chiffres, pour le choix des deux premiers éléments de la suite, afin de ne pas avoir à faire à des nombres trop élevés en écrivant la suite.

Le spectateur écrit les deux premiers nombres et continue jusqu'au dixième terme de la suite. Le magicien, qui a pris connaissance des deux premiers nombres, ne regarde pas la suite de Fibonacci écrite par le spectateur mais se concentre sur un calcul mental. Lorsque le spectateur a terminé, le magicien lui demande de faire l'addition des dix termes de la suite. Il affirme qu'il vient de le faire mentalement et inscrit ce total sur une feuille de papier. Le spectateur peine à faire son addition et le magicien peut alors lui prêter une petite calculatrice. Le total de l'addition est relativement long à trouver puisqu'il faut enregistrer les dix nombres dans la calculette avant de faire l'addition.

La rapidité avec laquelle le magicien a fait mentalement la somme des dix nombres laisse les spectateurs pantois devant le talent d'un tel calculateur prodige.

Matériel nécessaire et préparation

1. Des feuilles de papier et de quoi écrire.
2. Une petite calculatrice

Pas de préparation.

Le travail caché du magicien

Plusieurs méthodes de présentation peuvent être utilisées en employant le même principe.

Vous demandez au spectateur de choisir deux nombres quelconques pour démarrer la suite de Fibonacci, en lui conseillant de commencer par un chiffre et ensuite un nombre à deux chiffres. Vous connaissez donc ces deux nombres et cela est suffisant pour faire mentalement la somme des dix premiers termes de la suite.

Vous pouvez alors tourner le dos au spectateur en train d'écrire sa suite et faire le petit calcul suivant. Soit, par exemple, 6 le premier chiffre choisi ; vous le multipliez par 5, ce qui vous donne 30. Soit 14, le second nombre ; vous le multipliez par 8, ce qui vous donne 112. Vous ajoutez les deux nombres que vous venez de calculer, soit : 30 + 112 = 142, et vous multipliez ce résultat par 11, ce qui vous donne : 142 × 11 = 1562. C'est le total des dix premiers termes de la suite de Fibonacci.

Vous voyez qu'il faut quand même avoir quelques petits talents pour le calcul mental. Si ce n'est pas le cas, vous pouvez faire la présentation suivante.

Au lieu de calculer vous-même le nombre 142, qui va être le septième nombre de la suite, vous pouvez vous retourner dès le début et demander au spectateur d'écrire une suite de Fibonacci sans vous indiquer les deux premiers nombres qu'il choisit. Lorsqu'il a fini d'écrire les dix premiers termes de la suite, vous lui demandez de vous montrer cette suite de nombres en disant que vous allez la mémoriser. Vous regardez en fait seulement le septième terme, en partant

du haut, ou plus simplement le quatrième terme en partant du dernier, c'est-à-dire du dixième. Dans le cas considéré, ce nombre est 142. On a en effet la suite :
6, 14, 20, 34, 54, 88, 142, 230, 372, 602

Vous multipliez alors le nombre 142 par 11, ce qui est une technique relativement facile, et vous obtenez le total des dix nombres de la suite, soit 1562.

Une méthode aisée pour multiplier un nombre de trois chiffres par 11 consiste à positionner les chiffres du résultat de la multiplication en partant de droite à gauche. Le dernier chiffre est évidemment celui qui termine 142 ; c'est 2. Ensuite, vous faites la somme des deux derniers chiffres : $4 + 2 = 6$; c'est le second chiffre situé avant le 2 final. Puis, vous faites la somme des deux premiers, soit : $1 + 4 = 5$; 5 est le troisième chiffre en partant de la droite. Enfin le dernier chiffre est simplement celui des centaines qui figure dans 142, soit 1. Finalement le produit de 142 par 11 est bien égal à 1562.

Dans le cas où la somme des chiffres est supérieure à 9, vous avez une retenue de 1 à ajouter à l'addition suivante. Prenons l'exemple de 287 à multiplier par 11. Le dernier chiffre est évidemment 7. Puis la somme $8 + 7 = 15$ vous donne le chiffre 5 à placer avant le 7 ; vous retenez 1 pour l'addition suivante : $2 + 8 + 1 = 11$; cela vous donne le chiffre 1 à placer avant le 5 et vous avez encore 1 à retenir et à ajouter au 2 de 287. Bref, vous faites en réalité le calcul classique de la multiplication mais en procédant mentalement.

Comment ça fonctionne

Appelons A et B les deux nombres choisis par le spectateur. En suivant la définition des éléments de la suite de Fibonacci, on obtient la suite suivante : *A, B, (A + B), (A + 2B), (2A + 3B), (3A + 5B), (5A + 8B), (8A + 13B), (13A + 21B), (21A + 34B)*.

Le quatrième terme en partant du dernier est égal à *(5A + 8B)*. Si vous multipliez ce nombre par 11, il vient : *(55A + 88B)*.

Or, si vous faites la somme des dix termes de la suite, vous trouvez bien, en additionnant les termes en A et B, le nombre : *(55A + 88B)*.

Multipliez des millions par des millions

Ce que voient et entendent les spectateurs

Le magicien a inscrit un numéro de téléphone sur son tableau noir. Il explique aux spectateurs que c'est le numéro de son psychiatre. Le magicien suit des séances de parapsychologie au cours desquelles le psychiatre lui demande de faire des multiplications à partir de son numéro de téléphone.

Ce n'est pas une histoire de fous mais ça lui ressemble. Ce numéro est le : 01 42 85 71 43. Le magicien inscrit alors le nombre 142 857 143 sur le tableau. Il demande à un spectateur de lui donner un nombre à 9 chiffres qu'il inscrit sur son tableau sous le nombre précédent. Soit, par exemple :

142 857 143
× 287 644 125

Le magicien tire un trait sous les nombres à multiplier et écrit directement le résultat en partant de la gauche vers la droite. Il obtient le bon résultat qui est vérifié, à l'aide d'une calculette, par un spectateur. Le produit de la multiplication est un nombre impressionnant, à savoir :

$$\begin{array}{r} 142\,857\,143 \\ \times\,287\,644\,125 \\ \hline 41\,092\,017\,898\,234\,875 \end{array}$$

Le magicien obtient le bon résultat qui est vérifié, à l'aide d'une calculette, par un spectateur. Le public devrait être impressionné par un tel talent de calculateur prodige.

Matériel nécessaire et préparation

1. Un tableau noir. D'autres supports sont possibles selon votre présentation.
2. De la craie.
3. Une calculatrice scientifique permettant des calculs importants.

Pas de préparation particulière sinon un certain entraînement ainsi qu'on va le voir.

Le travail caché du magicien

L'obtention du produit de la multiplication s'obtient en divisant par 7 le nombre obtenu en écrivant deux fois, à la suite, le nombre donné par le spectateur. C'est le nombre : 287 644 125 287 644 125. Vous n'écrivez pas ce nombre mais vous l'imaginez mentalement.

Vous commencez à diviser mentalement par 7 le second nombre donné par le spectateur et vous écrivez au fur et à mesure, de gauche à droite, le résultat de la division. Dans l'exemple ci-dessus, vous obtenez les premiers chiffres du produit, à savoir : 41 092 017, et vous avez un reste égal à 6.

Vous continuez en reprenant la suite des chiffres du nombre donné par le spectateur, précédé du reste 6. Vous devez alors diviser 62 par 7, soit 8 et il reste 6 ; etc. Vous obtenez la suite des chiffres, à savoir : 898 234 875. Il vaut mieux avoir révisé sa table de multiplication par 7 pour faire ce petit calcul mental.

Comment ça fonctionne ?

Le nombre 142 857 143 est la clé de la méthode. Si vous le multipliez par 7, il vous donne 1 000 000 001. Par conséquent, lorsque vous multipliez n'importe quel nombre par 142 857 143, c'est la même chose que de le multiplier par 1 000 000 001 puis de diviser le résultat par 7.

Or, multiplier par 1 000 000 001 un nombre de 9 chiffres cela donne toujours un même nombre réécrit deux fois côte à côte. Par exemple :
287 644 125 × 1 000 000 001 = 287 644 125 287 644 125
En divisant ensuite ce dernier nombre par 7, vous trouvez le résultat :
287 644 125 287 644 125 : 7 = 41 092 017 898 234 875

Finalement, la seule difficulté consiste à effectuer mentalement une division par 7, mais vous avez largement le temps.

Addition rapide de 5 nombres de 4 chiffres

Ce que voient et entendent les spectateurs

5
9
3
1
2

Le magicien montre à un spectateur 4 bandes de carton sur lesquelles sont inscrits, l'un sous l'autre, 5 chiffres, ainsi que le montre le schéma ci-contre. Au verso de chaque bande, on trouve également une même liste de 5 autres chiffres, différents de ceux qui figurent au recto.

Un support vertical est remis au spectateur qui est prié de glisser sur ce support les 4 cartons, l'un à côté de l'autre, dans l'ordre qu'il désire et en choisissant l'une des deux faces de la bande tournée vers lui. Après avoir glissé les 4 bandes dans ce support, le spectateur obtient un tableau de 5 nombres visibles, comme le montre l'exemple ci-dessous.

5	3	6	7
9	5	3	4
3	8	7	5
1	6	2	6
2	2	8	3

Tableau I

Le magicien, qui ne regarde pas le tableau de nombres en se tenant derrière celui-ci, fait remarquer que des milliers de nombres peuvent être formés par le spectateur. Il passe ensuite devant le tableau et jette un coup d'œil très rapide sur les nombres inscrits et donne presque instantanément le total de l'addition de ces cinq nombres. Dans le cas présent, ce total est égal à 22 685. Le magicien inscrit ce total sur une feuille de papier. Le spectateur vérifie le total annoncé.

Matériel nécessaire et préparation

1. Quatre bandes de carton sur lesquelles sont inscrits sur une face les chiffres portés sur le tableau ci-dessus. Sur l'autre face, vous inscrivez les chiffres donnés par le tableau de la page suivante, en respectant l'ordre des colonnes.

Ainsi, la bande de carton qui porte verticalement au recto les chiffres 5, 9, 3, 1, 2, portera au verso les chiffres 8, 2, 7, 9, 1.

2. Un support que vous pouvez fabriquer en découpant une plaque en plastique transparent. Il est préférable de choisir une plaque de couleur donnant l'impression que les chiffres qui se trouvent au verso des bandes de carton ne sont pas visibles. Il faut cependant que la transparence soit suffisante pour que vous puissiez effectivement bien voir le deuxième nombre en partant du haut. Dans l'exemple donné, ce serait le nombre 2 687. Vous pouvez, par exemple, coller sur la plaque transparente des bandes décoratives opaques au verso, situées sur les premières, troisième et cinquième lignes correspondant aux nombres, 8 231, 7 152 et 1 943. Une plaque translucide peut également être utilisée.

8	2	3	1
2	6	8	7
7	1	5	2
9	5	1	9
1	9	4	3

Tableau II

De petites bandelettes noires sont fixées horizontalement sur la plaque, à environ un millimètre de distance de la plaque. De petits supports sont collés sur les bandelettes noires et la plaque, situés à des distances légèrement supérieures à la largeur des bandes de carton que le spectateur doit glisser sur ce support pour former le tableau de nombres. Ces bandes noires permettent de bien mettre en évidence des nombres, écrits horizontalement, créés par les chiffres des bandes verticales de carton.

3. Une feuille de papier et de quoi écrire.
4. Une petite calculatrice afin que le spectateur fasse l'addition.

Le travail caché du magicien

Le total des nombres formés par le spectateur est obtenu directement en regardant la deuxième ligne située au verso du tableau de nombres que voit le spectateur. Vous devez donc être placé derrière le tableau lorsque le spectateur a formé ses nombres après avoir glissé ses quatre cartons derrière les bandelettes noires. Lorsque vous êtes derrière le tableau, et toujours en prenant pour exemple le premier tableau de la page précédente, les chiffres que vous voyez sont disposés dans l'ordre inverse de ceux du deuxième tableau. Vous voyez donc le tableau suivant :

1	3	2	8
7	8	6	2
2	5	1	7
9	1	5	9
3	4	9	1

Tableau III

La deuxième ligne correspond au nombre 7862. Pour obtenir le total cherché, vous ajoutez le chiffre 2 à la fin de la ligne et vous lisez les chiffres de droite à gauche ; vous obtenez 22 687. Vous soustrayez 2 de ce nombre et vous obtenez : 22 685 ; c'est le total des nombres que voit le spectateur. C'est donc extrêmement facile et rapide.

Vous rappelant ce nombre, vous passez de l'autre côté du tableau et vous faites semblant de regarder les chiffres, puis vous inscrivez votre total : 22 685.

Comment ça fonctionne ?

Chacune des quatre bandes de carton portant les chiffres peut former la quatrième colonne du tableau I, vu par le spectateur. Vous voyez, au verso, cette quatrième colonne sur votre gauche et elle devient pour vous la première colonne.

Dans l'exemple donné précédemment, la quatrième colonne du tableau I a pour chiffres : 7, 4, 5, 6, 3 ; appelons cette colonne le recto de la « bande numéro quatre ». Le verso de cette bande a pour chiffres, selon le tableau III, dans la première colonne : 1, 7, 2, 9, 3.

Lorsque le spectateur additionne les cinq nombres horizontaux qu'il a formés, il commence par faire le totale de la quatrième colonne, soit :
$$7 + 4 + 5 + 6 + 3 = 25$$
Le nombre 25 se termine par le chiffre 5. Il faut donc que le dernier chiffre du total général, soit 22 685, se termine également par 5. Or ce chiffre 5 a été obtenu en soustrayant 2 du chiffre 7 qui se trouve sur la deuxième ligne de la première colonne, et qui est le verso de la « bande numéro quatre ». Les chiffres inscrits au recto : 7, 4, 5, 6, 3, de cette bande donnent un total de 25 ; le chiffre inscrit au verso sur la deuxième ligne de cette bande doit donc être un 7.

Puisque la « bande numéro quatre » peut également être tournée en sens inverse par le spectateur, le verso devenant le recto, il faut également que le chiffre inscrit sur la deuxième ligne vérifie les mêmes conditions que précédemment. Si, à présent, on fait le total de la première colonne du tableau III, c'est-à-dire le total des chiffres de la « bande numéro quatre », on obtient :
$$1 + 7 + 2 + 9 + 3 = 22$$
Il faut donc que le dernier chiffre de la deuxième ligne du tableau I soit un 4, puisqu'en effectuant la soustraction : $(4 - 2)$, on doit obtenir le deuxième chiffre de 22, soit 2. C'est précisément le cas, ainsi que le montre le tableau I.

Les quatre bandes de carton possèdent évidemment les mêmes propriétés mathématiques que celles de la bande prise en exemple. Vous pouvez le vérifier aisément.

Pourquoi faut-il enlever 2 seulement au premier chiffre à gauche du nombre de la deuxième ligne du tableau III ? Lorsque le spectateur fait l'addition des colonnes, il trouve à chaque fois un nombre supérieur à 20. Donc il va ajouter à la colonne suivante, sur sa gauche, une retenue égale à 2. Or, le total d'une colonne donne un nombre qui se termine par un chiffre précisément inférieur de 2 unités au chiffre qui est inscrit au verso sur la deuxième ligne ; en ajoutant 2 au total d'une colonne, le spectateur fait donc un total qui se termine par un chiffre égal à celui de la deuxième ligne du verso.

Lorsque le spectateur effectue le total de la première colonne qui se trouve à sa gauche, il obtient un nombre supérieur à 20, mais ne dépassant pas 29. Il faut donc également choisir les chiffres figurant sur les bandes de carton de telle sorte que leur total ne dépasse pas 29. C'est la raison pour laquelle vous ajoutez le chiffre 2 à la droite de la deuxième ligne que vous voyez au verso.

Addition instantanée de 7 nombres de 6 chiffres

Si vous estimez que les nombres que vous allez faire semblant d'additionner sont trop petits, vous pouvez imaginer une série de cinq ou six bandes de carton, ou plus, ayant des colonnes de chiffres qui aboutissent à des totaux supérieurs à 30, 40, 50, etc. Il faut alors appliquer la même méthode que ci-dessus mais soustraire 3, 4, 5, etc., du chiffre de gauche de la deuxième ligne que vous voyez au verso. De plus vous ajoutez 3, 4, 5, etc., sur la droite de cette deuxième ligne et vous lisez toujours le résultat final de droite à gauche. Contentons-nous d'un exemple dont les totaux de chaque colonne soit compris entre 30 et 39.

5
9
3
1
2
4
6

Ce que voient et entendent les spectateurs

Le magicien montre à un spectateur 6 bandes de carton sur lesquelles sont inscrits, l'un sous l'autre, 7 chiffres, ainsi que le montre le schéma ci-contre. Au verso de chaque bande, on trouve également une même liste de 7 autres chiffres, différents de ceux qui figurent au recto.

Un support vertical est remis au spectateur qui est prié de glisser sur ce support les 6 cartons, l'un à côté de l'autre, dans l'ordre qu'il désire et en choisissant l'une des deux faces de la bande tournée vers lui. Après avoir glissé les 6 bandes dans ce support, le spectateur obtient un tableau de 7 nombres visibles, comme le montre l'exemple ci-dessous.

5	3	6	7	5	8
9	5	3	4	7	3
3	8	7	5	8	5
1	6	2	6	2	4
2	2	8	3	3	6
4	7	5	1	9	7
6	2	3	4	2	2

Tableau I

Le magicien ne regarde pas le tableau de nombres en se tenant derrière celui-ci ; il fait remarquer que des dizaines de milliers de nombres peuvent être formés par le spectateur.

Fermant les yeux pour mieux se concentrer, le magicien demande ensuite au spectateur de lui énoncer les nombres qui figurent sur le tableau ci-dessus. Ce sont évidemment de grands nombres. Lorsque l'énumération de tous les nombres est terminée, le magicien inscrit presque instantanément sur une feuille de papier le total de ces 7 nombres. Il plie la feuille et la remet au spectateur qui effectue péniblement cette addition à la main ou à la calculette.

Matériel nécessaire et préparation

Reportez-vous au tour précédent pour la fabrication du support en prévoyant 7 lignes et 6 colonnes. Les bandes de carton vont être numérotées suivant le même principe que pour le tour précédent.

Le total du tableau I est : 3 367 395. Il faut donc que, sur la deuxième ligne du verso de ce tableau, vous voyez les chiffres dans l'ordre suivant, de gauche à droite : 893763. En soustrayant 3 du premier chiffre de gauche, vous obtenez bien le chiffre 5, dernier chiffre du total général. Vous ajoutez le chiffre 3 à droite de cette deuxième ligne et vous lisez le résultat de droite à gauche. Le verso du tableau I vous apparaît, par exemple, sous la forme suivante, les seules obligations pour les chiffres du tableau II concernent la deuxième ligne ainsi que le total de chaque colonne dont le chiffre des unités doit correspondre à la deuxième ligne du tableau I dont il faut déduire 3 de chaque chiffre.

1	3	2	6	0	9
8	9	3	7	6	3
2	5	1	4	8	6
9	7	5	3	5	0
3	4	9	2	1	8
5	2	7	9	5	3
2	4	4	0	7	7

Tableau II

Les colonnes de chiffres inscrites dans le tableau II doivent être inscrits au verso des bandes de carton. Attention, la dernière colonne du tableau II correspond à la première colonne du tableau I, et ainsi de suite. Ce qui est important, c'est que les chiffres, moins 3, de la deuxième ligne, recto et verso, doivent correspondre aux chiffres des unités des totaux de chaque colonne, verso et recto, dans laquelle se trouve un chiffre de la deuxième ligne.

Le travail caché du magicien

La méthode de repérage du total général est identique à celui du tour précédent. Le total du tableau I, vu par le spectateur, est égal à 3 367 395. Vous lisez directement ce total sur la deuxième ligne du tableau II. Pour cela vous retranchez 3 du chiffre 8 qui figure à gauche sur la deuxième ligne, vous ajoutez mentalement 3 à droite de cette deuxième ligne, et vous lisez de droite à gauche.

Anges s'amusant à calculer mentalement le nombre π avec 720 décimales

Vous pouvez également demander au spectateur de lire rapidement les nombres qu'il a formés, puis d'écrire instantanément leur total. Vous remettez votre feuille pliée au spectateur ou à une autre personne. Vous prêtez ensuite votre calculatrice au spectateur qui va enregistrer un à un les nombres de son tableau, ce qui demande un certain temps et faire leur addition. Il dévoile alors le total ; votre feuille est alors dépliée et chacun constate que vous avez bien obtenu le bon résultat en un temps record, plus rapidement que la calculatrice.

Divertissements et curiosités délectables

De nombreux calculs conduisent à des résultats parfois surprenants. Le plus célèbre d'entre eux est sans doute celui qui relie le nombre π, le nombre imaginaire pur *i* qui est égal, par définition, à la racine carrée de –1, et le nombre $e = 2,3025...$ qui est le logarithme népérien de 10. Ces trois nombres sont liés entre eux par la relation :
$$e^{i\pi} = -1.$$

Le fameux nombre « Abracadabra »

Une multiplication extraordinaire peut devenir presque mathémagique. Il s'agit du produit d'un nombre bizarre formé à partir des chiffres dans l'ordre numérique moins le 8, soit :

« Abracadabra » = 1 2 3 4 5 6 7 9

Inscrivez ce nombre sur une feuille de papier et demandez aux spectateurs de choisir un chiffre quelconque, soit, par exemple, le chiffre 7. Puis posez la question suivante :

« Par quel nombre faut-il multiplier le nombre « Abracadabra » de telle sorte que le résultat de la multiplication soit formé uniquement des chiffres 7 ? »

Peut-être quelqu'un d'astucieux pourrait déjà répondre qu'il faut un nombre qui se termine par 3. En effet, seul le chiffre 3 permet d'avoir un produit qui, multiplié par 9, se termine par 7. On a en effet $3 \times 9 = 27$, alors que les produits par 9 des autres chiffres donnent des valeurs qui se terminent par des chiffres autres que 7.

« La réponse est 63 » dites-vous avant que quiconque ait répondu à votre question. Vous faites vérifier par un spectateur que l'on obtient en effet :
« Abracadabra » × 63 = 777 777 777

Comment ça fonctionne ?

Remarquez que $63 = 7 \times 9$; c'est le produit du chiffre demandé 7 multiplié par 9. Il en est de même pour tous les autres chiffres. Pour 4, par exemple, vous devez multipliez 4 par 9, soit 36, pour obtenir le produit de « Abracadabra » par 36 sous forme d'une série de 4, soit : « Abracadabra » × 36 = 444 444 444.

Pour obtenir uniquement des 1, il faut multiplier « Abracadabra » par $1 \times 9 = 9$. On obtient : « Abracadabra » × 9 = 111 111 111.

Ce dernier résultat explique pourquoi toutes les multiplications de « Abracadabra » par un multiple de 9 par le chiffre choisi par un spectateur conduisent à un nombre formé de ce seul chiffre.

« Récréations mathématiques et physiques » de Jacques Ozanam

Nous avons parlé, dans notre ouvrage précédent, *Tours extraordinaires de mathémagique*, du sieur de Méziriac (1581-1638) devenu un personnage mythique dans l'univers des jeux mathématiques. Il fut en effet l'auteur du premier ouvrage purement récréatif, *Problèmes plaisants et délectables qui se font par les nombres*, qui parut en 1612. C'était également un mathématicien fort distingué, l'un des premiers membres de l'Académie Française fondée par Richelieu en 1634.

En 1694, un autre illustre membre de l'Académie Royale des Sciences, Jacques Ozanam (1640-1717), publia un ouvrage récréatif en 4 tomes intitulé *Récréations mathématiques et physiques qui contiennent plusieurs problèmes d'arithmétique, de géométrie, de musique, d'optique, de gnomonique, de cosmographie, de mécanique, de pyrotechnie, et de physique*. Dans le quatrième tome, Ozanam ajoute une partie d'illusionnisme : *Avec l'explication des tours de gibecière, de gobelets et autres récréatifs et divertissants*.

L'ouvrage de Jacques Ozanam apporte une approche ludique des mathématiques et son style est toujours très distrayant. Au cours de notre livre, nous reprenons quelques-uns de ses propres textes.

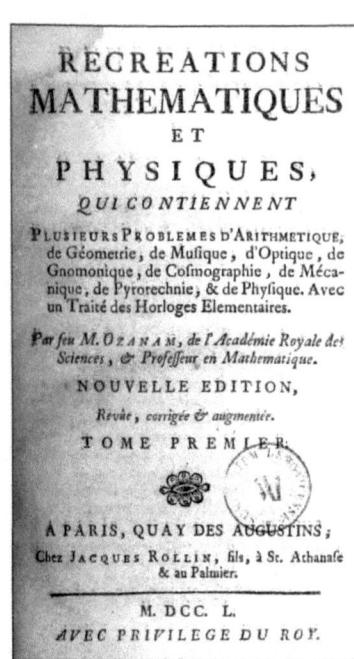

Frontispice de l'ouvrage de Jacques Ozanam (1640-1717)

Mathématicien français, Jacques Ozanam fut professeur de mathématiques et publia de nombreux ouvrages ; en 1701, il fut nommé membre de l'Académie Royale des Sciences.
Son ouvrage de récréations mathématiques connut un grand succès. Traduit en anglais, il est plus connu dans les pays anglo-saxons qu'en France. Il eut de nombreuses rééditions. Celle de Jacques Rollin, parue en 1750, est la plus complète. Le quatrième tome de ces récréations comporte une description de tours d'illusionnisme, en particulier du tour des gobelets, des tours de cartes et de cordes.

L'avaricieuse gagne à la puissance trente-deuxième

« Une vieille dame possède trente-deux belles Terres ; elle est fort avare, elle aime l'argent encore plus que ses Terres, elle voudroit en vendre quelques-unes, afin d'avoir le plaisir de marcher sur l'or ; mais pour ne point effrayer un de ses héritiers, qui est homme de cœur, elle ne propose d'abord que la moindre à vendre, sous prétexte que l'argent est rare, & qu'elle a quelques dettes à payer, quoique ses coffres soient pleins.

On offre de lui donner pour cette Terre la somme qui conviendroit à la trente-deuxième de ses Terres, si on payoit 1 sol pour la première, 2 sols pour la seconde, 4 pour la troisième, & ainsi de suite en doublant les sols jusqu'à la trente-deuxième Terre.

Cette Dame appréhende d'être trompée ; elle demande quel prix on lui donneroit de sa Terre. »

Solution

« On peut aisément la rassurer, elle trouvera son compte à vendre sa Terre à la condition qu'on lui a offerte. L'acheteur seroit obligé de lui donner 107 millions 373 mille 182 livres huit sols ».

Le calcul montre que toute progression géométrique de raison 2 conduit à des résultats fabuleux pour des puissances de 2 élevées. Ici, on a :

$$2^{31} \text{ sols} = 2\,147\,483\,648 \text{ sols}$$

Attention, puisque le premier chiffre de la progression est 1, on doit calculer la puissance trente-et-unième et non pas la trente-deuxième. En divisant ce nombre en sols par la somme annoncée par Ozanam en livres, on voit qu'on a 1 livre pour 20 sols. En effet :

$$107\,374\,182 \text{ livres} \times 20 = 2\,147\,483\,640 \text{ sols}$$

La différence est de 8 sols par rapport à la puissance trente-et-unième de 2.

Madame Jupon-Lajoie démontre que la population diminue

Madame Jupon-Lajoie est Présidente de la *Ligue des Femmes Contre le Contrôle des Naissances*, la fameuse *LFCCN*.

Elle pense que la population mondiale est en cours de diminution et que chaque individu aura dorénavant de plus en plus de place pour faire construire la petite maison de ses rêves.

Sa démonstration est très simple. Chaque personne a, depuis toute éternité, deux parents : une mère et un père. Chacun de ces parents a donc lui aussi deux parents. Ce qui fait donc quatre grands-parents par individu vivant de nos jours. Par conséquent et ainsi qu'il en résulte de la logique la plus élémentaire, nous dit Madame Jupon-Lajoie, le nombre de nos ancêtres est multiplié par DEUX à chacune des générations.

Si on remonte seulement au Moyen-Âge, par exemple, mais on pourrait remonter plus loin précise Madame Jupon-Lajoie, vous avez une palanquée d'ancêtres. Au bout de seulement 30 générations, vous avez $2^{30} = 1\,073\,741\,824$ ancêtres. Or ce résultat mathématique est sans bavure, nous précise Madame Jupon-Lajoie, donc il s'applique à chaque personne vivante de nos jours. Cela montre bien, ajoute-t-elle, que la population était plus d'un milliard de fois plus nombreuse que ce qu'elle est actuellement. CQFD.

« À bas le contrôle des naissances » clame fièrement Madame Jupon-Lajoie qui agite sa carte de Présidente de son association dont elle est la fondatrice. Elle a déjà 752 834 adhérents qui subventionnent sa croisade démontrée mathématiquement. Les bonnes âmes qui refusent toute logique doivent-elles être purifiées par le feu comme au temps des croisades ?

Démontrons que 1 est égal à 0,999999999999999...

Nous avons vu précédemment le fameux nombre $pi = 3,14159...$ qui possède une infinité de chiffres après la virgule. Le nombre $0,99999999999999...$ existe ; il s'agit d'un nombre qui après la virgule est formé par une suite infinie de chiffres 9.

Ce qui est extraordinaire c'est que ce nombre soit identique à l'unité. Rien de plus simple que de le démontrer. Pour cela, notons $a = 0,99999999999999...$ Multiplions a par 10, on obtient : $a \times 10 = 9,9999999999999....$ Séparons les parties entière et décimale du nombre situé à droite de cette égalité ; on obtient : $a \times 10 = 9 + 0,9999999999999.... = 9 + a$. Retranchons a aux premier et dernier membres de l'égalité précédente ; il vient : $a \times 10 - a = 9$. Mettons a en facteur dans cette égalité : $a \times (10 - 1) = a \times 9 = 9$. Divisons par 9 les deux derniers membres ; il vient : $a = 1$.

Cette dernière égalité démontre donc qu'on a : $1 = 0,99999999999999...$

Gravure d'Extrême-Orient
Saurez-vous compter le nombre d'enfants ?

Chapitre 5

Mentalisme et magie noire

Un spectre apparaît dans un sarcophage et s'avance sur scène
Mise en scène inspirée d'un spectacle de Robert Houdin, vers 1870

Des spectres vivants et impalpables

Des spectres immatériels peuvent apparaître sur scène grâce à des jeux de miroirs. Robert-Houdin décrit dans son ouvrage, *Magie et physique amusante*, une mise en scène qu'il inventa à l'occasion du drame, *la Czarine*, joué à l'*Ambigu* en 1868. Il reprend le truc des spectres en lui donnant un cachet de nouveauté.

« Le drame se passe en Russie, sous le règne de Catherine II. Au dernier acte, un nommé Pougatcheff, qui, grâce à sa ressemblance avec Pierre III, veut se faire passer pour le défunt monarque, cherche à soulever le peuple russe pour détrôner Catherine II. Un savant, M. de Kempelen, dévoué à la czarine, parvient, à l'aide de procédés scientifiques, à déjouer les projets criminels du faux prétendant.

On est au milieu d'un site sauvage, au fond duquel se dessinent de sombres rochers. Pougatcheff est entouré d'une population qui l'acclame. M. de Kempelen s'avance, démasque l'imposteur, et, pour achever de le confondre, il annonce qu'il va évoquer l'ombre de Pierre III. À ses ordres, un sarcophage sort du milieu d'un rocher, il se dresse, il s'ouvre et laisse apparaître un fantôme couvert d'un linceul. Le tombeau retombe, le spectre reste debout. Le faux czar, bien que saisi de frayeur, semble vouloir braver cette apparition qu'il traite de chimère. Mais le haut du linceul tombe et l'on voit apparaître les traits livides et décomposés de l'ex-souverain. Pougatcheff, croyant avoir raison de ce cadavre, tire son sabre et, d'un seul coup, il lui tranche la tête qui roule à terre avec fracas. Tout aussitôt, la tête vivante de Pierre III apparaît sur le corps du fantôme. Pougatcheff, irrité de plus en plus par ces fantastiques apparitions, court au spectre, le saisit par ses vêtements et le repousse violemment dans son sarcophage. Mais la tête ne quitte pas sa place ; séparée du corps, elle reste suspendue dans l'espace, roule des yeux menaçants et semble défier son persécuteur. La fureur de Pougatcheff est à son comble ; saisissant son sabre à deux mains, il croit pourfendre d'un seul coup la tête de son mystérieux adversaire ; il ne traverse qu'un corps impalpable qui, toutefois, se rit de sa rage impuissante. Son arme se lève de nouveau ; mais, à ce moment, le corps de Pierre III, en grand costume et revêtu de ses insignes, se forme au-dessous de sa tête. Le czar ressuscité le repousse d'un bras vigoureux et lui dit d'une voix vibrante : « Arrête, sacrilège ! » Pougatcheff épouvanté, confondu, confesse son imposture... Le fantôme s'évanouit. »

La technique utilisée est celle de l'apparition de fantômes sur scène que nous décrivons dans notre ouvrage : *Illusions visuelle, magiques, divertissantes et scientifiques*. Les apparitions de fantômes et de spectres nécessitent une immense glace sans tain, convenablement inclinée, fixée sur une scène. La glace reflète un personnage vivement éclairé dans le soubassement de la scène. Les acteurs situés sur la scène sont visibles à travers la glace sans tain.

Les représentations théâtrales des « spectres vivants et impalpables » sont d'origine anglaise. La première représentation, *Les spectres*, eut lieu en décembre 1862 à Londres et remporta un succès considérable.

D'autres types de spectres firent également leur « apparition », ce qui semble normal pour un fantôme, dans différents théâtres. Sous le nom de *Fantasmagories*, ces « spectres » étaient obtenus simplement par rétroprojection sur des écrans disséminés dans la salle de spectacle. Les dessins étaient peints sur des plaques de verre et défilaient devant un projecteur.

Fantasmagorie de Robertson à la fin du 18ᵉ siècle
Spectres obtenus par rétroprojection sur une toile légère. Une lanterne magique, mobile sur des rails, permettait d'obtenir des effets d'arrivées grandissantes sur la toile, effrayant ainsi le public.

Les tours dits de *mentalisme* consistent essentiellement en prédictions ou présentation de pseudo phénomènes parapsychiques. La plupart du temps, le prestidigitateur ne prétend pas posséder des pouvoirs magiques qui lui permettent d'accomplir des « miracles » de divination, prémonition ou télépathie. Il laisse cependant planer un certain doute sur la véracité des « expériences » qu'il présente car il sait que nombre de spectateurs partagent encore de nombreuses croyances assez répandues en ces domaines.

La sorcellerie est encore largement pratiquée de nos jours. Elle met en œuvre des croyances et des techniques dont la reproduction inchangée depuis des siècles atteste de la permanence de certaines modalités de fonctionnement de l'esprit humain. Il suffit d'autre part de feuilleter la rubrique astrologie de nombreux magazines pour s'apercevoir que la littérature « zodiacale » fait recette. Il n'est donc pas étonnant que nous trouvions dans nos annuaires téléphoniques les professions de voyant, numérologue, astrologue, médium, radiesthésiste, analyste des rêves, cartomancien, etc. L'illusion de la « vraie » magie se perpétue à travers les millénaires.

La naïveté de nombreuses personnes croyant en des phénomènes surnaturelles subsiste. Les croyances sont souvent indéracinables, témoin cette anecdote que le docteur Dhôtel, connu en magie sous le pseudonyme Hédolt, raconta il y a bien longtemps à l'auteur. Après une séance de pseudo spiritisme, le docteur Dhôtel expliqua à son auditoire les trucages employés. Il reçut cependant, à la fin de la séance, une délégation de spectateurs qui le félicita en ces termes : « Monsieur, vous êtes un grand spirite et vous l'ignorez. » Le mentalisme ou d'autres séances de « parapsychologie » ont encore de beaux jours devant eux.

Un symbolisme ésotérique

Des tableaux dans lesquels figurent des symboles sont souvent utilisés par les mentalistes. Vous pouvez prétendre que ces tableaux proviennent de vieux grimoires datant des temps de l'alchimie et que vous les avez achetés à un vieil érudit. Ces symboles ont des propriétés magiques, selon les textes anciens, et chaque symbole à une certaine affinité pour chacun. Vous pouvez, par exemple, prétendre que vous pensez pouvoir deviner les symboles qui seront choisis par une personne simplement en ayant conscience de sa personnalité psycho-morphologique. Vous pouvez également raconter n'importe quelle autre baliverne. Après tout, les gens sont là pour entendre des histoires, pour se plonger dans un univers différent de leur quotidien ou pour d'autres raisons. Quoi qu'il en soit, il semblerait plus intéressant pour les spectateurs d'enrober votre tour de quelque histoire, même à dormir debout, pourvu que vous passionniez votre auditoire.

Ce que voient et entendent les spectateurs

Le magicien mentaliste présente aux spectateurs un tableau comportant 25 symboles dont la disposition ci-dessous donne un exemple. C'est un tableau copié à partir d'un vieux grimoire du 12e siècle, ramené de Pologne par l'un de ses lointains ancêtres et que le magicien a fait traduire par un amis polonais, spécialiste de la Pologne médiévale.

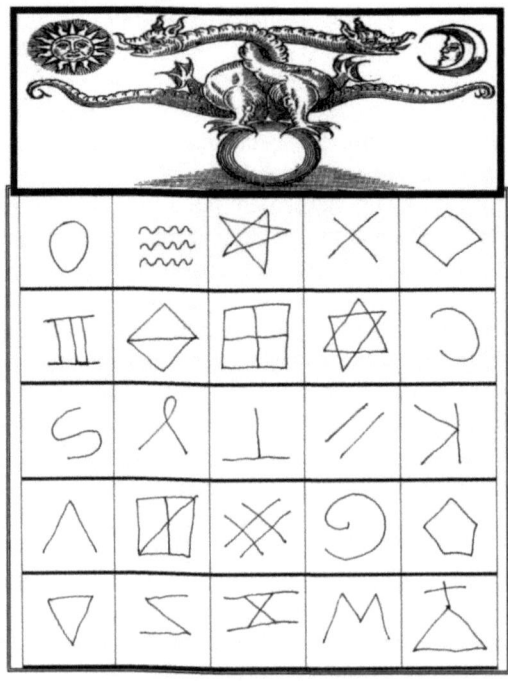

Le magicien remet ce tableau de symboles à un spectateur volontaire. Celui-ci choisit mentalement parmi les vingt-cinq symboles celui avec lequel il se sent en « résonance harmonique ». Le magicien remet une craie au spectateur et, afin que tout le monde voit bien le symbole choisi, il lui demande de dessiner sur un grand tableau noir le symbole qu'il a mentalement choisi. Auparavant, le magicien se fait bander les yeux à l'aide d'un foulard et tourne le dos au spectateur qui commence à présent son dessin dans un des deux grands carrés qui étaient déjà dessinés à la craie sur le tableau.

Puis, afin d'obtenir une « résonance harmonique » d'un ordre ésotérique supérieur, le magicien demande au spectateur de choisir un symbole qui se trouve à gauche ou à droite du premier qu'il avait mentalement choisi. Le spectateur est prié de dessiner également ce deuxième symbole dans l'autre carré qui se trouvait déjà sur le tableau noir.

Lorsque le spectateur a fini son deuxième dessin, le magicien, toujours dos tourné et yeux bandés, décrit progressivement les relations ésotériques entre la personnalité du spectateur et les deux symboles qui sont en « résonance harmonique » avec celle-ci. Ce sont précisément ceux dessinés par le spectateur.

Matériel nécessaire et préparation

1. Un tableau en carton comportant 25 symboles que vous pouvez inventer mais qui doivent correspondre à la technique que nous allons décrire.

2. Un tableau noir ou vert, sur pied, sur lequel on écrit à la craie. Des pieds télescopiques sont pratiques à transporter. Le tableau doit avoir des dimensions suffisantes pour que les dessins soient assez grands pour les spectateurs. Vous pouvez fabriquer un tableau avec un panneau de contreplaqué sur lequel vous passez une couche de peinture spéciale pour ce genre de tableau. Celui-ci pourra également vous servir pour d'autres tours mathémagiques, lorsque, par exemple, vous demandez à un spectateur de faire certaines opérations mathématiques.

3. Une craie blanche.

4. Un bandeau pour les yeux.

5. Une petite grille qui vous donne le nombre de traits que va faire le spectateur, en levant ou arrêtant la craie pour chaque trait, pour dessiner un symbole. Dans la grille ci-dessous, le nombre inscrit correspond au nombre de traits du symbole qui occupe la même position dans le tableau des symboles de la page précédente.

Nombre de traits de chaque symbole				
1	3	5	2	4
5	5	6	6	1
1	1	2	2	3
2	6	4	1	5
3	3	4	4	5

Vous pouvez vérifier, par exemple, que l'ovale, premier symbole sur la première ligne, correspond à 1 seul trait ; le second est formé de 3 traits ondulés ; le troisième, une étoile à cinq branches, nécessite 5 traits ; etc.

Remarquez également que les combinaisons deux à deux des différents chiffres situés sur une même ligne ne sont jamais les mêmes. Examinons, par exemple, le cas du chiffre 1 ; les seules combinaisons avec un chiffre situé à gauche ou à droite du 1 sont les suivantes : 1-3 ; 6-1 ; 1-1 ; 1-2 ; 4-1 ; 1-5. Ces six associations d'un chiffre avec un autre, donc d'un type de symbole avec un autre, sont toutes différentes.

En ce qui concerne la préparation, elle consiste à tracer simplement sur le tableau noir, deux carrés assez grands dans lesquels le spectateur devra faire ses dessins.

Le travail caché du magicien

La découverte des symboles choisis par le spectateur va se faire en écoutant le bruit de la craie sur le tableau et en comptant le nombre de traits que le spectateur trace lors de l'exécution de son dessin.

Pour bien entendre le bruit de la craie, vous devez donc dessiner des carrés très grands sur le tableau et préciser au spectateur qu'il doit faire des reproductions des symboles choisis qui remplissent bien chaque carré.

Lorsque vous avez le dos tourné, vous entendez nettement le bruit de chaque trait, surtout si la surface du tableau est légèrement rugueuse. Elle ne doit pas être trop lisse. Le nombre de traits tracés par le spectateur vous indique le genre de symbole qu'il dessine. Supposons que vous ayez compté 6 traits pour le premier symbole et 2 traits pour le second. La seule combinaison possible correspond aux cases 2-6 de la grille.

Ayant identifiés les symboles, vous pouvez les faire connaître au public de différentes manières. Vous pouvez, par exemple, les décrire. Ainsi pour la combinaison 2-6, vous avez un « V » à l'envers et un carré coupé par une diagonale et une médiane. Une autre présentation consiste à dessiner, les yeux bandés, sur une grande ardoise, les symboles choisis par le spectateur.

Vous commentez naturellement les relations entre les symboles et la personnalité supposée du spectateur. Un « V » renversé montre que le spectateur vise le sommet dans sa carrière (tout le monde fait pareil) mais que les difficultés représentées par la pente de ce « V » inversé sont parfois énormes, mais qu'il a su les surmonter (qui n'a pas eu de difficultés ?). De même pour le carré coupé par deux lignes, vous devez préparer à l'avance un petit laïus qui soit suffisamment banal pour convenir au plus grand nombre quitte à l'adapter à la personnalité apparente du spectateur.

Divination d'un mot dans un roman

Ce que voient et entendent les spectateurs

« Pensez-vous que l'on puisse anticiper de quelques instants le temps ? Je vais essayer de le faire en prédisant un mot qui figure dans ce roman et que l'un d'entre vous va permettre de découvrir grâce à une très ancienne pratique de mathématique magique » annonce le magicien aux spectateurs.

« J'écris ici un mot qui se trouve dans ce roman que je viens d'emprunter dans la bibliothèque de notre ami qui nous reçoit ce soir ». En prononçant cette phrase, le magicien écrit un mot sur une feuille de papier, la plie en deux, la glisse dans une grande enveloppe qu'il remet à un spectateur.

Le magicien demande ensuite à un autre spectateur s'il connaît les pratiques spirites des anciennes sectes des mathémagiciens de Babylone. Non, répond en général le spectateur. Je vais vous initier à cette technique très secrète, dit le magicien. Il va vous permettre de découvrir la page du roman qui est sur cette table et, dans cette page, l'emplacement du mot dont j'ai fait la prédiction.

Le magicien confie un crayon et un papier au spectateur et lui demande d'écrire un nombre quelconque de trois chiffres différents sauf 0 qui n'existait pas encore à Babylone. Dans la doctrine babylonienne, ce chiffre inconsciemment écrit par une personne représente le mal, dit le magicien. Pour représenter mathémagiquement le bien, il faut inverser le nombre du mal, c'est-à-dire faire passer le premier chiffre à la place du troisième et le troisième à la place du premier. (Par exemple, si le spectateur a choisi 725, son inverse est 527). Puis le mal et le bien doivent être soustraits l'un de l'autre de façon à faire émerger ce qu'on appelait, selon la doctrine de cette ancienne secte, le « nombre mental personnel ». Le spectateur soustrait alors le plus petit nombre du plus grand.

« Le nombre mental personnel » doit être formé de trois chiffres. Est-ce bien votre cas ? demande le magicien. « Oui » répond le spectateur.

Le résultat obtenu par la soustraction doit alors être inversé et le spectateur fait ensuite l'addition du « nombre mental personnel » et de son inverse. Enfin, il doit ajouter le nombre stellaire 67 au total de cette dernière addition. Tous ces calculs sont faits sans que le magicien en ait connaissance. Finalement, le spectateur annonce le résultat final, à savoir : 1156.

Le magicien donne le livre au spectateur. Il le prie de chercher la page 115, et de regarder le sixième mot qui figure sur la première ligne de cette page. Le spectateur lit le mot. Le magicien demande alors au spectateur qui détient l'enveloppe contenant la prédiction de montrer le mot inscrit par le magicien : le mot prédit est bien celui qui résulte des pratiques spirites babyloniennes.

Matériel nécessaire et préparation

1. Un roman si vous parlez d'un roman ; tout autre livre peut évidemment être utilisé. Un ouvrage sur Babylone pourrait ajouter au soi-disant contexte.

2. Des feuilles de papier, une enveloppe et un stylo bille.

La préparation consiste à prendre connaissance du mot à prédire dans le livre à la page convenable et à la place désignée par le nombre.

Si vous ne faites pas ajouter en final le nombre 67, les calculs précédents donnent *en général* 1089. Dans ce cas, vous devez retenir le neuvième mot de la page 108 pour votre prédiction.

Si vous ajoutez un nombre quelconque, 33 par exemple, le total final sera égal à 1089 + 33 = 1122. La prédiction portera sur le deuxième mot de la page 112.

Dans une soirée entre amis, l'idéal serait de repérer un livre qui traîne sur un meuble et, en le feuilletant distraitement, de repérer le mot à prédire. De remettre en place le livre et de demander à un spectateur, au début du tour, de prendre ce livre dont vous demandez naturellement le titre.

Le travail caché du magicien

Tout le travail caché du magicien a été effectué lors de la préparation du tour qui est automatique en suivant la procédure décrite.

Un petit travail supplémentaire

Après la soustraction faite par le spectateur, le magicien demande :

« Le nombre mental personnel » doit être formé de trois chiffres. Est-ce bien votre cas ?

Sept fois sur huit la réponse du spectateur sera « Oui ». Il reste donc un cas sur huit où la réponse sera « Non ». Vous ajoutez alors : « Parfait. Votre nombre mental personnel doit être multipliez par deux. » La suite des opérations est ensuite la même et le nombre final est toujours 1089.

Comment ça fonctionne ?

Voyons tout d'abord sur un exemple, la suite des opérations qui conduisent au nombre final 1 089.

Supposons que le spectateur choisisse 823 ; l'inverse de ce nombre est 328. La différence entre ces deux nombres donne : 823 − 328 = 495. L'inversion de ce dernier nombre a pour valeur : 594. La somme de ces deux inverses est égale à : 495 + 594 = 1 089.

De manière générale, appelons A la différence entre le premier et le troisième chiffre. Lorsqu'on fait la soustraction entre le nombre choisi et son inverse, on obtient (en plaçant le plus grand de ces deux nombres devant le plus petit) un nombre égal à A fois 99. C'est le cas de l'exemple précédent où la différence entre le premier et le troisième chiffre est égale à : $A = 5$; la différence obtenue entre les deux nombre est égale à : $99 \times 5 = 99 \times A = 495$.

Lorsque A varie de 2 à 8, on obtient la suite des multiples de 99, à savoir : 198, 297, 396, 495, 594, 693, 792. Ensuite, chacun de ces chiffres inversé et additionné à son inverse donne 1089.

Vous pouvez choisir 1089 comme nombre final. Il peut être plus astucieux d'ajouter à 1089 un nombre supplémentaire lorsque vous refaites ce tour par la suite à certains spectateurs.

De plus, le fait d'ajouter un nombre quelconque à 1 089 vous permet de choisir un mot intéressant dans le livre utilisé. Au lieu de tomber sur un mot banal vous pouvez sélectionner un mot ayant une certaine connotation intéressante et faire un commentaire sur les relations entre ce mot et le spectateur qui a choisi le nombre initial.

Une ambiance un peu mystérieuse est également à mettre en oeuvre pour la partie soi-disant spirite, divinatoire ou métapsychique, de votre spectacle. La lumière peut être assez voilée ; une ou deux bougies peuvent compléter cet éclairage.

Prémonition d'une carte par un spectateur

Ce tour nécessite l'achat de deux jeux de cartes qui soient constitués de cartes extra fines. Un jeu plus la moitié d'un autre jeu de telles cartes, posés l'un sur l'autre, ne sont pas plus épais qu'un seul jeu ordinaire. Ces jeux sont vendus par des magasins spécialisés d'articles de magie.

Ce que voient et entendent les spectateurs

« Parfois, nous avons reçu la nouvelle d'un certain événement, celui d'un accident de voiture survenu à un être proche, par exemple, et nous nous souvenons alors que nous avons fait un cauchemar, deux jours auparavant, au cours duquel cette personne était en danger sur la route. C'est ce qu'on appelle un rêve prémonitoire. Certaines personnes peuvent ainsi avoir des prémonitions par hasard mais d'autres ont des facultés prémonitoires qu'elles ignorent. »

Après cette petite introduction, le magicien s'adresse à une dame qui, selon lui, pourrait posséder cette faculté tout en l'ignorant. Cette personne va participer à une expérience de prémonition où elle va percevoir un événement avant qu'il ne se réalise. Pour cela, le magicien demande à la dame de fermer les yeux, de se détendre et de voir en imagination un jeu de 52 cartes étalé devant elle. Parmi ces cartes, l'une d'elle se met peut-être à grandir ou peut-être à légèrement bouger. Il demande à cette dame de choisir mentalement cette carte qui s'impose à son esprit et de garder secrètement le nom de cette carte.

Le magicien demande ensuite à la dame d'ouvrir les yeux, et d'écrire le nom de cette carte, perçue par prémonition, sur une feuille de papier afin de ne pas l'oublier, car les prémonitions comme les rêves s'oublient extrêmement vite. La feuille est pliée en quatre et gardée par la dame.

Le magicien montre ensuite un jeu de 52 cartes au dos desquelles il a inscrit des nombres allant de 1 à 52. Il étale ces cartes de dos, montrant bien la numérotation dans le désordre, puis de face en les faisant défiler d'une main à l'autre.. Puis il pose le jeu sur une table, bien en évidence pour le public.

« L'événement qui va se produire à présent n'a rien ici de dramatique. Il va s'agir simplement pour vous, Madame, de tirer au hasard un nombre parmi les 52 papiers enfermés dans ce sac et sur lesquels sont inscrits les nombres de 1 à 52. Auparavant, je vais faire tirer quelques-uns de ces papiers par des spectateurs afin de montrer qu'il s'agit d'un tirage tout à fait au hasard. » Deux ou trois spectateurs tirent des papiers du sac et les déplient, puis énoncent le nombre inscrit sur leur papier. Enfin, la dame qui a désigné une carte prémonitoire tire également un papier ; elle le déplie et regarde le nombre inscrit sans le dévoiler au public. (Supposons qu'il s'agisse du numéro 34).)

Le magicien demande alors à la dame d'énoncer le nom de la carte qu'elle a « vue » lors de sa prémonition. Ce nom est inscrit sur la feuille de papier qu'elle déplie et elle dévoile, à haute voix, le nom de cette carte. Supposons qu'il s'agisse du 7 de cœur. Le magicien reprend le jeu numéroté et effeuille devant le public les cartes une à une, faces visibles. Il trouve le 7 de cœur et le pose, face visible, sur la main tendue de la dame aux facultés prémonitoires.

« L'événement prémonitoire va-t-il se réaliser ? » demande le magicien. « Vous avez vu un 7 de cœur et celui-ci porte au dos un certain numéro que vous êtes la seule à connaître à la suite d'un événement particulier, le tirage de ce numéro. Celui-ci est-il précisément le numéro de la carte dont vous avez eu la prémonition ? Dévoilez-nous ce numéro. » La dame énonce le numéro 34. « Retournez cette carte et montrez le numéro inscrit au dos de cette carte. » Le numéro inscrit au dos est précisément celui qui a été tiré par la dame. « Applaudissez les talents prémonitoires de madame » demande le magicien au public qui applaudit.

Matériel nécessaire et préparation

1. Deux jeux de cartes extra minces.
2. Une feuille de papier et de quoi écrire.
3. Un sac à double poche.
4. Un jeu de petits papiers sur lesquels seront inscrits des numéros.

La préparation du jeu de cartes numérotées est la suivante. D'une part, vous numérotez de 1 à 52 le dos d'un jeu de 52 cartes extra minces ; les cartes de ce jeu sont mélangées au hasard. D'autre part, vous prenez la moitié d'un autre jeu de cartes extra minces et vous numérotez celles-ci en choisissant de façon aléatoire des nombres compris entre 1 et 52. Cette moitié de jeu est mélangée puis elle est posée sur le jeu complet numéroté. Vous obtenez ainsi un jeu de $52 + 26 = 78$ cartes qui est sensiblement de la même épaisseur qu'une jeu ordinaire ; ces 78 cartes peuvent entrer dans un étui ordinaire pour 52 cartes.

La préparation du tirage des numéros consiste à faire deux séries distinctes de nombres. D'une part, des numéros compris entre 1 et 52 sont inscrits sur des papiers que vous pliez en deux ou en quatre ; il n'est pas besoin d'avoir 52 numéros mais une trentaine peut être suffisant avec des nombres choisis au hasard entre 1 et 52. D'autre part, vous préparez 20 autres papiers avec le numéro à faire tirer par la personne aux « facultés prémonitoires » ; dans l'exemple précédent, vous inscrivez le nombre 34 sur les vingt papiers.

Vous devez vous fabriquer ou acheter un sac à double poche. Dans l'une d'elle, vous mettez le lot des numéros choisis au hasard entre 1 et 52 ; dans l'autre poche vous mettez les vingt autres papiers portant tous le numéro 34.

Le travail caché du magicien

Après avoir fait choisir une carte par la dame aux facultés prémonitoires, vous sortez de son étui le jeu de cartes numérotées. Vous faites passer d'une main à l'autre les cartes, vues de dos, pour montrer qu'elle sont numérotées et que les numéros se succèdent au hasard. C'est évidemment le cas puisque vous faites défiler les cartes du dessus du paquet. Vous pouvez en montrer un assez grand nombre puisqu'il y a 26 cartes qui sont numérotées différemment. Il faut évidemment vous arrêter à temps pour ne pas faire apparaître les 52 cartes suivantes qui portent toutes le numéro 34. Vous retournez ensuite le paquet de cartes, faces visibles, et vous montrez qu'elles sont mélangées au hasard.

Prenant le sac qui contient les papiers numérotés, vous ouvrez la poche contenant les numéros aléatoires, et vous demandez à deux ou trois spectateurs de tirer un papier. Les spectateurs lisent les numéros tirés ; ceci vous permet d'ouvrir tranquillement l'autre poche avant de faire tirer un papier numéroté 34 à la dame aux prémonitions.

Puis vous demandez à cette dame de dévoiler le nom de la carte prémonitoire ; le 7 de cœur, dans l'exemple précédent. Vous cherchez cette carte en effeuillant le jeu, faces visibles, devant les spectateurs et vous la retirez du jeu sans montrer le dos numéroté.

Votre travail n'est pas fini car il faut mettre en valeur la coïncidence entre la carte prémonitoire et le numéro tiré « au hasard ». L'intérêt du public pour les tours de mentalisme est surtout basé sur la façon de présenter un tour. Il faut donc laisser croire au public que la prémonition existe réellement, bien que la plupart de vos spectateurs ne seront pas dupes et savent qu'il s'agit simplement d'un tour de cartes. Mais, durant les instants privilégiés d'un spectacle de magie, les spectateurs sont prêts à accepter une illusion théâtrale qui leur permet de retrouver un univers amusant, poétique ou inquiétant qui bouleverse les lois incontournables de leur vie quotidienne.

Illusionniste, vedette du Musé Grévin, Auguste Carmelli fut engagé
en 1888 par Georges Méliès au Théâtre Robert-Houdin

Mystérieuse transmission par la pensée de 7 nombres de 4 chiffres

Le principe du tour intitulé « Addition rapide de 5 nombres de 4 chiffres », décrit au cours du chapitre 4, peut être utilisé sous forme d'une transmission de pensée des nombres formés par un spectateur. Une variante intéressante utilise des tubes de carton à section carrée portant des chiffres au lieu de simples bandes de carton.

Ce que voient et entendent les spectateurs

Le magicien évoque les phénomènes parapsychiques consistant en transmission de pensée entre des individus parfois fort éloignés spatialement les uns des autres. Différentes hypothèses ont été avancées par les parapsychologues pour essayer de comprendre ces phénomènes qu'ils semblent avoir mis réellement en évidence.

« Certaines personnes possèdent des dons exceptionnels qui leur permettent de transmettre inconsciemment des informations par la pensée. Pour ma part, je me suis entraîné à capter les ondes mentales qui sont émises par de telles personnes. Il me semble que monsieur doit avoir des facultés qu'il ignore et qui lui permettent de réaliser des transmissions par la pensée. »

Le magicien demande au spectateur désigné, grâce à un pendule de cristal qui oscille avec force, de venir le seconder pour faire une expérience de parapsychologie devant le public. Le magicien lui montre un jeu de six tubes à section carrée comportant 7 chiffres inscrits de bas en haut sur chacune des faces du cube, ainsi que le montre la figure ci-contre où l'on n'a marqué les chiffres que sur une seule face pour ne pas compliquer la figure. Il montre au spectateur comment former des nombres de quatre chiffres en plaçant quatre de ces tubes, choisis au hasard parmi les six, côte à côte sur une table.

Le magicien fait remarquer qu'il y a 24 faces des tubes qui comportent 7 chiffres chacune mis dans des ordres très différents. Sur ces 24 ensembles de chiffres, le spectateur en choisit seulement 4 au hasard. Il les place ensuite dans l'ordre qu'il veut. Par conséquent des milliers de nombres peuvent ainsi être formés par le spectateur.

Puis le magicien montre un bandeau noir qui, appliqué sur les yeux, ne permet absolument pas de voir. Il noue ce bandeau sur les yeux du spectateur qui confirme que l'on ne voit absolument rien à travers. Le spectateur noue alors le bandeau sur les yeux du magicien qui s'assoit en tournant le dos au spectateur.

Le spectateur choisit alors 4 tubes et les met côte à côte. Il réalise ainsi un tableau comportant 7 nombres de 4 chiffres. Le tableau suivant montre un exemple de nombres réalisés par le spectateur.

Le magicien se retourne, le bandeau toujours sur les yeux, et tâtonne à la recherche de son marqueur et d'une feuille de papier pour écrire les pensées qui vont lui être transmises par ondes mentales. Le spectateur l'aide à retrouver son marqueur et son papier, et le magicien se retourne de nouveau.

5	3	6	7
9	5	3	4
3	8	7	5
1	6	2	6
2	2	8	3
4	7	5	1
6	2	3	4

Tableau I

Le magicien demande au spectateur de se concentrer sur les nombres qui figurent sur le tableau I et de les énoncer mentalement, assez lentement, de façon que le magicien puisse faire l'addition de ces nombres au fur et à mesure.

Le magicien écrit un nombre, les yeux bandés, avec son marqueur. Il retourne la feuille de papier et demande au spectateur de faire l'addition des nombres qui figurent sur le tableau. La somme calculée est précisément égale à celle qui a été effectuée mentalement par le magicien grâce à la transmission de pensée des nombres formant cette addition. Le magicien fait applaudir le spectateur qui possède des dons parapsychologiques.

Matériel nécessaire et préparation

1. Six tubes de carton sur lesquels sont inscrits 7 chiffres, les uns sous les autres, sur chacune de leurs faces. Les chiffres inscrits sur deux faces opposées entre elles doivent répondre aux critères que nous avons donnés pour expliquer le

2	6	0	9
3	7	6	3
1	4	8	6
5	3	5	0
9	2	1	8
7	9	5	3
4	0	7	7

Tableau II

fonctionnement du tour intitulé « Addition rapide de 5 nombres de 4 chiffres » ainsi que son utilisation dans le tour suivant : « Addition instantanée de 7 nombres de 6 chiffres », ces deux tours figurant dans le chapitre 4. Les quatre tubes utilisés pour former le tableau I ci-dessus donnent le tableau II suivant visible sur les faces opposées, derrière les faces vues par le spectateur.

Attention, la dernière colonne du tableau II correspond à la première colonne du tableau I. Si l'on enlève 3 au dernier chiffre de la deuxième ligne du tableau II, on obtient 0, ce qui correspond bien au chiffre des unités du total de la première colonne du tableau I. Réciproquement, si l'on enlève 3 au chiffre 9 de la deuxième ligne de la première colonne du tableau I, on obtient 6, ce qui correspond bien à l'unité du total de la dernière colonne du tableau II. Nous avons ainsi les chiffres de huit faces opposées deux à deux de 4 tubes de cartons. Selon le même principe de base, vous pouvez numéroter les 16 autres faces de vos 6 tubes.

2. Une feuille de papier et de quoi écrire, de préférence un gros marqueur.

3. Un bandeau noir spécial qui permet de voir à travers. C'est un accessoire à acheter chez un marchand d'articles de magie. Ce bandeau permet de le faire tester par un spectateur qui certifie qu'il ne voit rien à travers.

4. Une petite calculatrice pour aider votre spectateur à faire son addition.

Le travail caché du magicien

Après avoir montré au spectateur le mode de formation des nombres à l'aide de quatre tubes, vous lui demandez de tester le bandeau. Ce dernier comporte un tirage qui dévoile deux trous pour les yeux qui restent cachés derrière un voile léger. Lorsque vous mettez le bandeau sur les yeux du spectateur, le bandeau reste dans son état opaque. En mettant le bandeau sur vos yeux, vous « aidez » le spectateur et vous tirez en même temps sur le système permettant de voir.

Vous tournez le dos au spectateur lorsqu'il choisit quatre tubes et qu'il les place côte à côte. Lorsqu'il a terminé et vous en avertit, vous vous retournez très brièvement, pour chercher en tâtonnant votre marqueur, mais surtout afin de lire les chiffres situés sur la deuxième ligne en partant du haut. Muni de votre papier et d'un marqueur, vous vous retournez et vous mémorisez les 4 chiffres dont vous venez de prendre connaissance. Pour obtenir le total des 7 nombres, il suffit d'ajouter un 3 à la fin de la deuxième ligne et de noter les chiffres repérés, en partant de droite à gauche ; pour le dernier chiffre, vous devez soustraire 3.

Dans l'exemple donné précédemment, le tableau II vous donne les quatre chiffres : 3763. La procédure indiquée vous donne donc le nombre : 33 670. C'est le total des nombres du tableau I, ainsi que vous pouvez le vérifier.

Lorsque le spectateur a fini de vous énumérer mentalement les 7 nombres, vous écrivez le total avec votre marqueur sur la feuille de papier. Vous pouvez également avoir noté ce nombre avec un crayon, dès que vous vous êtes retourné, si vous craignez de l'oublier. Avec un gros marqueur, vous pourrez écrire par-dessus votre notation au crayon.

Un certain temps s'écoule entre l'énumération mentale des nombres que le spectateur vous « transmet ». De plus, vous pouvez lui demander de répéter le nombre qu'il vient de « transmettre » trop vite ou d'autres remarques.

Vous pliez le papier sur lequel vous avez inscrit votre total, et vous le donnez au spectateur lorsqu'il va commencer l'addition des 7 nombres. Il doit alors énoncer à haute voix le total qu'il a trouvé, puis déplier votre papier et montrer au public votre résultat, et constater la concordance entre les deux.

Vous enlevez alors votre bandeau et vous félicitez le spectateur pour ses talents de télépathe et de calculateur.

Cette « transmission de pensée » peut être précédée du tour intitulé « Addition instantanée de 7 nombres de 6 chiffres », tour où le spectateur énumère à haute voix les nombres qu'il a formés. Puis, dites-vous, une expérience bien plus difficile de transmission de pensée va être tentée avec une autre personne ayant des facultés parapsychologiques.

Un tableau de nombres pour l'anniversaire

Ce que voient et entendent les spectateurs

Au cours d'une séance d'anniversaire, le magicien présente aux spectateurs un tableau comportant 25 nombres. Il demande à un spectateur de placer 5 jetons sur 5 cases différentes de telle sorte qu'il ne doit pas y avoir plus d'un jeton par ligne ni plus d'un jeton par colonne. Lorsque le spectateur a fini de placer ses jetons, le magicien lui demande de faire le total des 5 nombres sur lesquels il a placé ses jetons au hasard.

Auparavant, le magicien avait fait une prédiction qu'il avait écrite sur un papier confié à un autre spectateur. Après avoir fait son addition, le premier spectateur dévoile le total obtenu qui correspond à celui prédit pat le magicien. Ce total est précisément égal à l'âge de la personne dont les spectateurs fêtent l'anniversaire.

Matériel nécessaire et préparation

1 Un tableau sur lequel vous avez écrit des nombres spécialement calculés en fonction de l'âge de la personne dont on fête l'anniversaire.

Ce tableau est fabriqué selon la technique suivante qui permet d'obtenir le total que l'on désire. Supposons que l'âge de la personne soit égal à 70 ans. Vous choisissez 10 nombres différents de telle sorte que leur total soit égal à 70. Par exemple :

$$11 + 8 + 7 + 9 + 6 + 13 + 6 + 3 + 5 + 2 = 70$$

Formez un tableau de 6 lignes et 6 colonnes dans lesquelles vous allez mettre les nombres et les chiffres ci-dessus. Vous placez, par exemple, les 5 premiers nombres dans la première colonne, à partir de la deuxième ligne, ainsi que le montre le tableau suivant. Les 5 nombres suivants sont placés sur la première ligne, à partir de la deuxième colonne.

Aux intersections des lignes et des colonnes, vous inscrivez la somme des deux nombres figurant respectivement dans leur ligne et colonne. Par exemple, la troisième colonne du tableau comporte le chiffre 6 et la quatrième ligne, le chiffre 7. Vous inscrivez leur somme, soit 13, à l'intersection de cette ligne et de cette colonne. Vous remplissez de même le tableau pour toutes les cases.

	13	6	3	5	2
11	24	17	14	16	13
8	21	14	11	13	10
7	20	**13**	10	12	9
9	22	15	12	14	11
6	19	12	9	11	8

Vous enlevez ensuite la première ligne et la première colonne de ce tableau, ce qui vous donne finalement le tableau suivant que vous utilisez pour le tour.

24	17	14	16	13
21	14	11	13	10
20	**13**	10	12	9
22	15	12	14	11
19	12	9	11	8

2. Cinq jetons, pions ou autres petits objets.
3. Un papier et de quoi écrire votre prédiction.

Le travail caché du magicien

Vous montrez le tableau de nombres précédent en annonçant qu'il a été établi le jour de la naissance de la personne dont on fête l'anniversaire. C'est un tableau magique dont les nombres changent d'eux-mêmes chaque année. Aujourd'hui ce tableau va vous permettre de faire une prédiction sensationnelle. Vous écrivez le nombre 70 sur votre papier, vous le pliez et vous le confiez à un spectateur.

Un autre spectateur pose 5 jetons sur 5 cases différentes du tableau, un seul jeton par ligne et par colonne. À titre d'exemple, supposons que le spectateur ait posé ses jetons sur les cases entourées d'un trait plus épais.

24	17	14	16	13
21	14	11	13	10
20	13	10	12	9
22	15	12	14	11
19	12	9	11	8

Le spectateur fait le total des cinq nombres choisis, soit :
$$22 + 14 + 9 + 12 + 13 = 70$$

Vous demandez au second spectateur de dépliez votre papier et de montrer votre prédiction qui est précisément l'âge de la personne dont ont fête l'anniversaire.

Comment ça fonctionne ?

Chaque nombre choisi par le spectateur est la somme de deux nombres parmi les dix que vous aviez vous-mêmes choisis lors de la réalisation de votre tableau. En obligeant le spectateur à ne poser chaque jeton que sur une seule ligne et une seule colonne, celui-ci sélectionne automatiquement cinq nombres différents, ce qui évite de prendre deux fois le même. La somme des nombres sélectionnés par le spectateur est donc égale à la même somme que celle effectuée à partir des dix nombres d'origine.

Pour de jeunes enfants qui ne comptent que jusqu'à 20, par exemple, vous pouvez former des tableaux comportant seulement trois ou quatre lignes et colonnes.

Tableau avec des multiplications

Le principe précédent peut évidemment être utilisé en effectuant des multiplications à la place des additions. Ceci conduit à des nombres bien plus grands si vous en avez besoin. Choisissez, par exemple les nombres suivants et multipliez les entre eux :
$$6 \times 2 \times 12 \times 4 \times 11 \times 3 = 19\,008$$

Partant de ces six nombres et chiffres, vous pouvez former un tableau à trois colonnes et trois lignes dans lequel vous mettez les produits des multiplications des nombres précédents deux à deux. Un spectateur devra poser sur ce tableau ses trois jetons selon la même consigne que précédemment. Il effectuera ensuite la multiplication des nombres sélectionnés et il obtiendra votre prédiction : 19 008.

Rencontres entre signes du zodiaque

Dans le tour précédent, la consigne donnée de placer chaque jeton sur une seule ligne et une seule colonne peut donner à penser que l'on oriente le spectateur vers une sélection restreinte de nombres, ce qui est d'ailleurs vrai puisque c'est la technique de base du tour.

Pour rendre moins visible cette obligation, on peut utiliser la présentation suivante qui va comporter un aspect moins mathématique mais aboutissant au même résultat. Pour cela, le magicien montre un cercle sur lequel sont dessinés les 12 signes du zodiaque qui sont les suivants : bélier, taureau, gémeaux, cancer, lion, vierge, balance, scorpion, sagittaire, capricorne, verseau, poissons.

Vous demandez quel est le signe du spectateur qui va faire office d'assistant et vous écrivez une prédiction qui serait son nombre astral porte bonheur.

Vous donnez ensuite au spectateur 12 gommettes de 6 couleurs différentes. Vous lui demandez quelle est sa couleur préférée. Supposons qu'il réponde : « rouge ». Vous le priez de coller une gommette rouge à côté de son signe du zodiaque. Vous lui faites alors remarquer que l'année est séparée en deux par un trait blanc. Il doit alors coller une autre gommette rouge à côté d'un signe situé dans l'autre partie de l'année zodiacale, c'est-à-dire dans la partie du zodiaque opposée à celle où se trouve son propre signe où il vient de coller la première gommette rouge.

Puis le spectateur fait de même avec les 5 autres couleurs en posant les gommettes par couple au hasard à côtés des autres signes du zodiaque mais en respectant la consigne d'avoir une gommette de même couleur dans chacune des deux parties de l'année.

Sur le dessin ci-dessus, les cercles situés autour des signes zodiacaux représentent les 12 gommettes collées par le spectateur. On voit que les mêmes gris ou les mêmes motifs des gommettes sont répartis de part et d'autre de la ligne blanche de séparation de l'année en deux demi cercles.

Le magicien présente ensuite un tableau de nombres déterminés selon la méthode utilisée pour le tour précédent. Ce tableau comporte à présent 7 colonnes et 7 lignes. Six noms du zodiaque d'une partie de l'année sont inscrits chacun dans une des cases de la première ligne et six autres noms de la deuxième partie de l'année dans les cases de la première colonne. La représentation des symboles des signes zodiacaux dans chacune des cases serait encore plus parlante.

	Bélier 5	Taureau 23	Gémeaux 4	Cancer 8	Lion 44	Vierge 7
Poissons 30	35	53	34	38	74	37
Verseau 9	14	32	13	17	53	16
Capricorne 22	27	45	26	30	66	29
Sagittaire 3	8	26	7	11	47	10
Scorpion 25	30	48	29	33	69	32
Balance 1	6	24	5	9	45	8

Les nombres sont calculés comme précédemment en utilisant à l'origine 12 chiffres ou nombres dont vous faites le total :
$5 + 23 + 4 + 8 + 44 + 7 + 30 + 9 + 22 + 3 + 25 + 1 = 181$

Vous portez les six premiers nombres dans les cases de la première ligne et les six suivants dans les cases de la première colonne, ainsi que le montre le tableau ci-dessus. Vous faites ensuite, aux intersections de chaque ligne et colonne, les totaux qui correspondent aux nombres inscrits dans la première ligne et la première colonne. Vous enlevez ensuite les nombres et chiffres figurant dans la première ligne et la première colonne. Vous obtenez ainsi un tableau avec six signes du zodiaque relatifs à une moitié de l'année sur la première ligne et les six autres dans la première colonne, la séparation étant faite entre bélier et poissons, et vierge et balance.

Il faut ensuite regarder les couples de gommettes de même couleur et entourer avec un crayon les nombres correspondant à un couple. Sur le zodiaque précédent, on voit que le bélier a la même couleur que le sagittaire. Vous entourez le chiffre 8 qui figure à l'intersection bélier-sagittaire dans le tableau. Le taureau est couplé avec le scorpion ; vous entourez le nombre 48 ; et ainsi de suite. La somme des nombres entourés vous donnera évidemment votre prédiction : 181.

Récitez votre chapelet

Un certain nombre de tours de mentalisme sont basés sur l'utilisation d'un jeu de cartes classé dans un certain ordre connu du magicien. Un tel jeu est appelé un *chapelet*, en référence à l'ordre des grains d'un véritable chapelet.

On peut créer soi-même n'importe quel chapelet de cartes simplement en effectuant un mélange quelconque et en apprenant ensuite par cœur cet ordre aléatoire. Cela demande un gros travail de mémorisation. Des chapelets basés sur un classement périodique des cartes permettent d'éviter complètement tout travail de mémoire. Malgré la simplicité de leur classement, les faces des cartes de ces chapelets peuvent être montrées au public qui voit un jeu mélangé.

Le plus simple des chapelets périodiques est celui de Si Stebbins. Les cartes sont classées en suivant, d'une part, les couleurs : pique, cœur, trèfle, carreau, et, d'autre part, en augmentant les valeurs de trois en trois.

Utilisons les notations suivantes pour les couleurs : P : pique, C : cœur T : trèfle, K : carreau. On peut se rappeler cet ordre avec la formule : « piqueur, trècar, piqueur ». Les valeurs des cartes et leurs notations sont les suivantes : 1 : A, as ; puis les valeurs numériques pour les cartes suivantes jusqu'au 10 ; 11 : V, valet ; 12 : D, dame ; 13 : R, roi.

L'ordre de 52 cartes sera donc le suivant en utilisant cette méthode : ♠AP, 4C, 7T, 10K, RP, 3C, 6T, 9K, DP, 2C, 5T, 8K, VP, ♥AC, 4T, 7K, 10P, RC, 3T, 6K, 9P, DC, 2T, 5K, 8P, VC, ♣AT, 4K, 7P, 10C, RT, 3K, 6P, 9C, DT, 2K, 5P, 8C, VT, ♦AK, 4P, 7C, 10T, RK, 3P, 6C, 9T, DK, 2P, 5C, 8T, VK.

Les cartes sont mises dans l'ordre indiqué ci-dessus en les plaçant les unes sur les autres, faces visibles. Lorsque vous présentez le jeu avec les dos visibles, et qu'un spectateur tire l'as de cœur, par exemple, la carte située au-dessus de cet as est le valet de pique et la carte située au-dessous est le 4 de trèfle.

Un jeu de 52 cartes est constitué par quatre fois 13 cartes qu'on a notées de 1 à 13. On voit que le chapelet est non seulement périodique selon les couleurs mais qu'il possède 4 séquences de valeurs identiques qui se répètent, et qui ont été séparées par des images pour montrer ces séquences.

Si le jeu est coupé et la partie supérieure du jeu mise en dessous lorsqu'on complète la coupe, on remarque que la dernière carte du chapelet, valet de carreau, aura pour suivante la première carte, as de pique. On retrouve l'ordre de classement normal. Le chapelet forme une sorte de boucle.

Voyons à présent quelques tours qui utilisent ce chapelet. Avant de présenter ces tours, il vous faudra vous entraîner à déterminer rapidement la ou les cartes qui en suivent une autre connue. Qu'est-ce qui suit le 9 de cœur ? La dame de trèfle.

Transmission de pensée au chapelet

Ce que voient et entendent les spectateurs

Le magicien montre un jeu de cartes mélangées. Retournant le jeu dos visibles, il prie un spectateur de tirer une carte, de la mémoriser mais de ne la montrer à personne. Il se dirige ensuite vers une spectatrice à laquelle il demande également de tirer une carte et de la mémoriser sans que personne d'autre qu'elle ne connaisse sa carte.

Le magicien revient vers le premier spectateur qui reste sur sa chaise ou auquel il peut demander de venir sur scène. Il pose une main sur l'épaule du spectateur, expliquant qu'il va essayer d'établir un contact psychique avec lui. Le magicien lui demande de former en pensée une image de la carte qu'il a mémorisée. Fermant les yeux, le magicien, voit peu à peu apparaître une carte.

« Ce doit être une carte rouge, dit-il, mais le cœur et le carreau se mélangent entre eux. Il y a une pointe rouge mais est-ce celle d'un cœur ou d'un carreau. C'est très flou... Cela se précise. C'est, ..., c'est un cœur. Voyons, il y a un certain nombre de cœurs qui forment une image très floue. Cette image s'éloigne, puis se rapproche ; c'est bizarre (Le magicien oscille légèrement, comme s'il suivait le mouvement de la carte). Essayez dans votre esprit d'avoir une image très nette de votre carte. Bien..., c'est mieux. Je vois, un, deux, trois, quatre cœurs ; c'est un quatre de cœurs. »

Le spectateur confirme en montrant la carte qu'il avait tirée. Le magicien se dirige ensuite vers la spectatrice qui a tiré la seconde carte. Il lui demande de poser légèrement sa main sur la sienne qu'il tend devant lui. La transmission de pensée est plus rapide. Le magicien félicite la spectatrice pour ses capacités parapsychologiques. Applaudissements.

Matériel nécessaire et préparation

1. Un jeu de 52 cartes classé en chapelet.

La préparation consiste essentiellement à faire des exercices du genre suivant en vous posant des questions et, après avoir coupé le jeu, en vérifiant les réponses. Par exemple : « Quelle est la carte qui suit le valet de carreau ? C'est l'as de pique. »

Le travail caché du magicien

Lorsque vous vous adressez au premier spectateur, vous étalez d'abord le jeu faces visibles, afin de montrer que le jeu est bien mélangé. Puis, retournant le jeu, dos visibles, vous faites tirer une carte. Sans regarder le jeu, vous le séparer en deux parties, à l'endroit où le spectateur a tiré sa carte, et vous faites discrètement passer la partie supérieure du jeu sous la partie inférieure.

La dernière carte sous le jeu est donc la carte qui précédait celle tirée par le spectateur. Lorsque vous vous déplacez pour choisir une spectatrice, vous pouvez jeter un coup d'œil sous le jeu et connaître ainsi cette carte. Il vous suffit d'ajouter 3 à la valeur de cette carte et d'utiliser la séquence « piqueur, trècar, piqueur » pour déterminer exactement la carte choisie par le spectateur.

N'annoncez surtout pas directement la valeur de la carte choisie lorsque vous revenez auprès du premier spectateur. Tout l'intérêt du mentalisme réside dans la manière de présenter des phénomènes soi-disant paranormaux. Ne forcez pas trop votre mise en scène mais jouez cependant votre rôle de « voyant ». En revenant près de la spectatrice, vous prendrez également connaissance de sa carte.

Le buste qui se balance mystérieusement dans l'espace. Invention A. Delille (1833-1915)

Le passé se répète vingt ans après

La présentation du tour précédent convient pour une séance style cabaret ou scène. Une technique identique peut être utilisée pour un tour plus intimiste, du type close-up.

Ce que voient et entendent les spectateurs

Le magicien montre un jeu de cartes qu'il mélange maladroitement en montrant que les cartes sont bien mélangées. Puis il demande à un spectateur de couper le jeu, faces visibles, et de compléter sa coupe. Le jeu est ensuite retourné, dos visibles.

Le magicien tourne le dos et demande au spectateur de couper plusieurs fois le jeu, faces en bas. Il doit ensuite placer la carte supérieure face en bas, après l'avoir regardée et mémorisée. Puis, le jeu de cartes étant toujours faces dirigées vers le bas, le magicien demande au spectateur de prendre la carte suivante et de la poser sur le tapis, sans la regarder.

Le spectateur doit ensuite retourner le jeu de cartes, faces en l'air, l'étaler sur le tapis et introduire la carte dont il ignore l'identité dans le milieu du jeu, face en bas. Les spectateurs ont ainsi vu de nouveau que le jeu est bien mélangé. Le jeu est ensuite égalisé et placé face en bas.

Le magicien raconte ensuite qu'il y a de nombreuses années, il avait déjà fait ce tour. Il se souvient l'avoir fait à un spectateur, il y a de cela vingt ans peut-être, qu'il décrit et qui ressemble de plus en plus au spectateur qui fait réellement le tour en ce moment. « Si ma mémoire est bonne, dit le magicien, le spectateur avait d'abord tiré une carte qui était le 8 de carreau. Peut-être le passé vient-il nous jouer un tour ? Est-ce bien votre carte ? » Le spectateur approuve et retourne sa carte qui est sur le tapis, montrant le 8 de carreau.

« Puis, ajoute le magicien, ce spectateur avait glissé une carte dans le jeu qui était le valet de pique. Ce serait quand même extraordinaire que l'histoire se répète à l'identique tant de temps après. Tournez le jeu de cartes faces en haut et étalez de nouveau le jeu. Une seule carte est retournée face en bas. C'est celle que vous aviez choisie. Est-ce bien le valet de pique ? » Le spectateur, qui ne connaît pas la carte, la retourne et constate qu'il s'agit du valet de pique.

Matériel nécessaire et préparation

1. Un jeu de 52 cartes en chapelet.
2. Un tapis pour étaler les cartes.

Le travail caché du magicien

Si vous ne savez pas faire un mélange qui laisse intact l'ordre du jeu en chapelet, vous faites simplement couper le jeu par un spectateur. En fait, vous devez vous assurer que le spectateur coupe correctement et complète correctement la coupe en remettant bien la partie inférieure du paquet sur la partie supérieure.

Vous vous retournez et vous priez le spectateur de tourner le jeu de cartes faces en bas, puis de le couper plusieurs fois. Le spectateur prend alors connaissance de la carte supérieure qu'il regarde, sans la montrer aux autres spectateurs, et qu'il pose sur le tapis, face en bas.

Vous lui demander ensuite de prendre la carte suivante qui se trouve sur le jeu, *de ne pas la regarder*, et de la poser sur le tapis, face en bas. Vous lui demander ensuite de retourner le jeu, faces en haut, et de glisser la carte qu'il ne connaît pas, face en bas, dans le milieu du jeu.

Vous vous retournez alors et vous prenez connaissance de la carte qui se trouve face visible sur le jeu. C'est cette carte qui va vous permettre de connaître les deux autres cartes prises par le spectateur. En effet, les deux cartes choisies par le spectateur sont les cartes qui, dans l'ordre du chapelet, étaient situées après la carte dont vous venez de prendre connaissance.

Dans l'exemple décrit ci-dessus, vous auriez vu le 5 de trèfle. Selon l'ordre du chapelet, la carte suivante est le 8 de carreau ; c'est la première carte choisie par le spectateur. La carte suivante est le valet de pique ; c'est la seconde carte choisie par le spectateur.

L'histoire que vous racontez introduit un phénomène bizarre qui a une résonance magique. Le passé se répèterait-il ? Vous devez choisir un spectateur d'un âge tel qu'il serait possible que ce tour ait déjà été fait avec lui, ou avec son fils, il y a vingt ans. Ce n'est pas de la transmission de pensée mais un voyage mystérieux à travers le temps.

Des spectres impalpables apparaissent sur les scènes des théâtres au cours du 19ᵉ siècle

Chapitre 6
Mystérieuses évasions

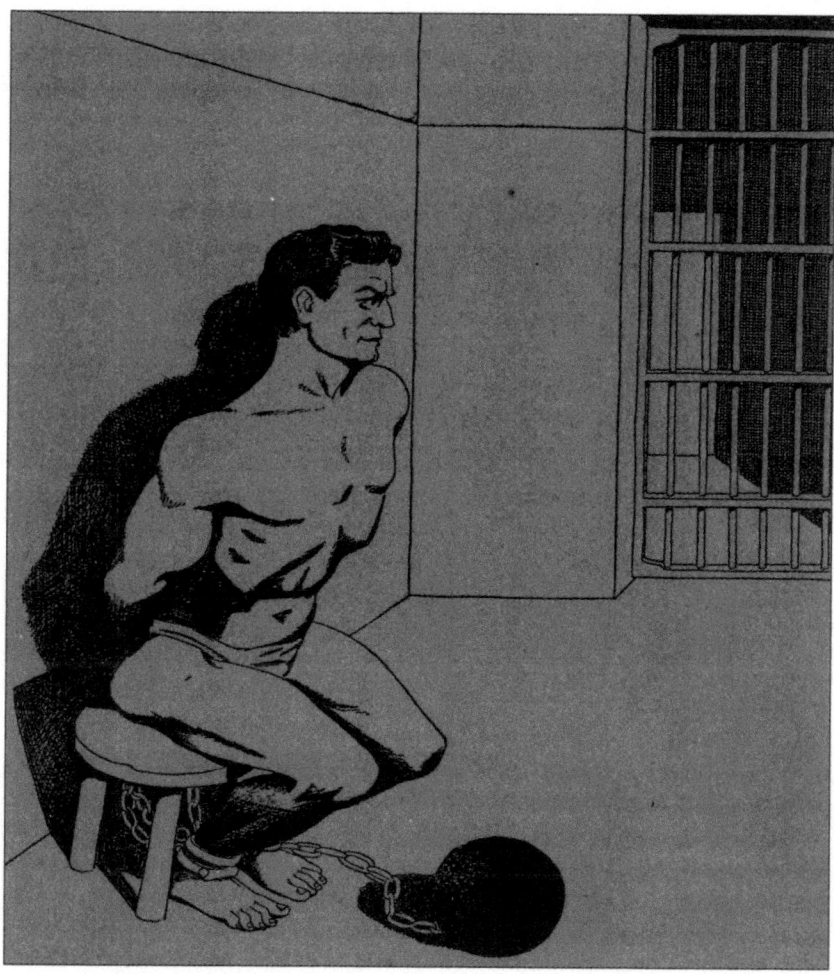

Harry Houdini (1874-1926), célèbre illusionniste, roi de l'évasion
Enfermé presque nu dans une cellule de la prison d'État de Washington,
bras et mains liés à l'aide de chaînes, un boulet en fer aux pieds, Houdini réussit à s'évader.

Harry Houdini (1874-1926), roi de l'évasion

Né à Budapest, en Hongrie, Ehrich Weiss, âgé de 13 ans, émigra avec sa famille en Amérique en 1887. L'ouvrage des mémoires de Robert-Houdin fera les délices du jeune Ehrich Weiss qui, passionné d'illusionnisme, transforma son prénom en *Harry* et son nom en *Houdini*, admirant le prestidigitateur français.

Le jeune Houdini fut d'abord serrurier ce qui explique en partie ses talents pour ouvrir toutes les serrures. Il commença une carrière de magicien dans les foires, accompagné de son frère Théodore. Il ne fut célèbre que lorsqu'il devint le plus extraordinaire spécialiste de l'évasion, à partir des années 1905.

À Londres, le 10 mars 1905, par une journée brumeuse et de pluie battante, Houdini en caleçon de bain se fit lier les mains par des menottes puis il fut lourdement enchaîné. Ses assistants le jetèrent ainsi, la tête la première, dans la Tamise. Des milliers de Londoniens étaient rassemblés sur le pont de la Tour, le spectacle ayant été annoncé avec force publicité. Lorsque Houdini disparut dans les eaux, un silence se fit. Plus de deux minutes, qui semblèrent une éternité aux spectateurs, précédèrent la réapparition de Houdini à la surface de la Tamise, agitant ses chaînes comme un drapeau. Des acclamations enthousiastes saluèrent l'exploit. Le lendemain, en première page, tous les quotidiens anglais, et de nombreux autres du monde entier, parlèrent de la performance de Houdini.

Durant vingt ans, les exploits de Houdini firent les gros titres des journaux à travers le monde. Il est vrai que les performances qu'il a accomplies n'ont jamais été égalées de nos jours. Cela tient sans doute à un ensemble de talents difficiles à réunir chez un seul homme : ses capacités physiques peu communes, ses talents d'illusionniste, ses connaissances en serrurerie, son intelligence et son courage.

Houdini ne dévoila jamais les techniques qu'il avait développées. On pense qu'il avait acquis une maîtrise des muscles de sa gorge et de son estomac qui lui aurait permis d'avaler des objets métalliques et de les régurgiter, tels que clés, rossignol de cambrioleur, limes, tiges de métal, etc.

L'évasion spectaculaire qu'il réussit d'une cellule de la prison d'État de Washington semble justifier de telles hypothèses. Houdini fut, sur sa demande, déshabillé avec un caleçon pour seul vêtement. On lui lia les mains, les bras et les jambes avec des chaînes et des menottes. De plus, on lui attacha aux pieds un boulet de fer. Puis la porte de la cellule, munie de serrures compliquées, fut fermée à double tour.

Tout le personnel de la prison était au courant de la tentative d'évasion du célèbre illusionniste et attendait dans le bureau directorial. Une heure s'était à peine écoulée que Houdini, libéré de toutes ses entraves, fit son apparition à la porte du bureau. Tous les témoins de l'expérience, directeur et officiers de police en tête, le regardèrent avec un étonnement sans borne. Mais la stupeur fut à son comble lorsque, sur la demande de Houdini, le personnel pénitentiaire alla inspecter tout un étage de la prison. Houdini avait réussi à faire changer de cellules tous les pensionnaires de l'étage.

Harry Houdini à 25 ans

Les évasions « impossibles » de Harry Houdini étaient le résultat d'un ensemble de techniques et de talents personnels exceptionnels. Nous allons modestement apprendre quelques tours d'évasions qui ne demandent que d'en connaître le mode opératoire.

Évasion « topologique » d'un élastique

Nous allons voir un tour très simple basé sur le fait que deux courbes qui semblent fermées toutes les deux ne le sont pas réellement puisque l'une arrive à s'enclaver à travers l'autre comme le font les anneaux chinois. Mais le principe est complètement différent et constitue une « illusion topologique ».

Ce que voient et entendent les spectateurs

Le magicien propose à deux spectateurs volontaires de participer à un petit concours original. Il demande innocemment à l'un des volontaires s'il peut lui poser une question, disons un peu intime : « Est-ce qu'il vous arrive de passer à travers les murs ? » demande-t-il. En général, la personne répondra « Non » sauf si elle a envie de plaisanter.

« C'est très bien comme cela, vous ne risquez donc rien dans l'expérience qui va suivre, conclut le magicien, car vous allez essayer de faire passer la matière à travers la matière. »

Le magicien attache alors les poignets de chacun des volontaires avec une petite chaîne qu'il fixe par deux cadenas. Avant d'attacher le deuxième poignet, le magicien enfile un bracelet de caoutchouc sur la chaîne.

« Les élastiques sont parfaitement fermés et sont enclavés dans le cercle formé par la chaîne, vos bras et votre corps. Il faut donc faire passer la matière à travers la matière. » commente le magicien.

Le concours consiste alors à enlever le bracelet de caoutchouc le plus rapidement possible sans le détériorer. Le plus rapide sera le gagnant et aura droit en souvenir au bracelet en caoutchouc.

Si aucun n'arrive à enlever le bracelet, le magicien propose de montrer aux porteurs de chaîne comment le bracelet peut s'enclaver dans la chaîne. Il leur suffira alors de faire les mêmes mouvements en sens contraire pour enlever le bracelet.

Il ouvre alors un cadenas et enlève le bracelet de caoutchouc en le glissant sur la chaîne, puis il rattache la chaîne autour du second poignet du volontaire. Peut-être l'un des deux volontaires arrivera-t-il à sortir le bracelet de caoutchouc sinon le magicien le fera à leur place, puis les désenchaînera.

Matériel nécessaire et préparation

1. Deux petites chaînes d'environ 1 mètre de longueur.
2. Deux cadenas et leurs clés.
3. Un bracelet élastique assez épais d'un diamètre de 7 à 8 centimètres.

Aucune préparation n'est nécessaire.

Le travail caché du magicien

Ce sont les spectateurs qui doivent faire le travail. Le bracelet de caoutchouc se trouve emprisonné par la chaîne ainsi que le montre la photo (A). Le bracelet, ici un « chouchou », est glissé près d'un poignet sur lequel la chaîne est fermée par un cadenas ; l'autre poignet est emprisonné de même.

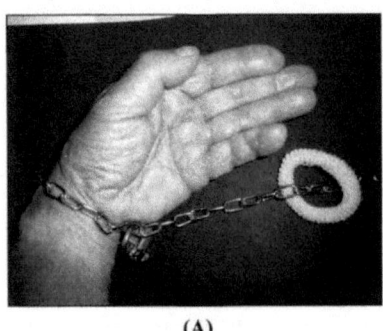
(A)

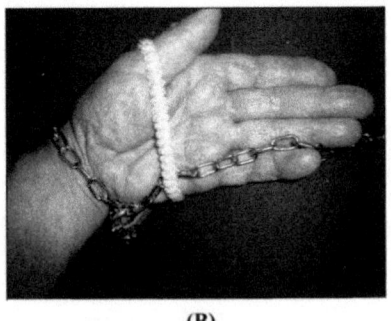
(B)

Pour sortir le bracelet de caoutchouc, il suffit de le distendre et de passer la main à travers, ainsi que le montre la figure (B). Le bracelet peut alors être glissé sur le poignet, puis sur le bras comme on le voit sur la photo (C).

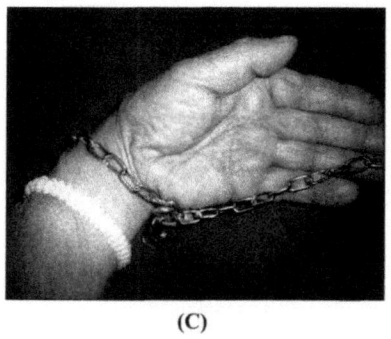
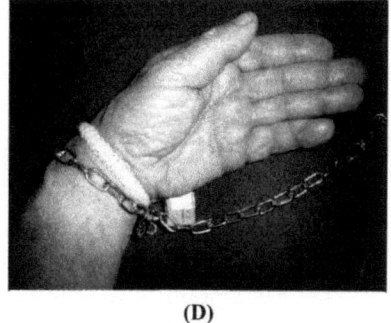

(C)   (D)

Le bracelet de caoutchouc peut alors être glissé sous l'anneau formé par la chaîne fermée autour du poignet. La photo (D) montre le bracelet qui vient ainsi d'être passé sous la chaîne entourant le poignet. Il n'y a plus alors qu'à sortir le bracelet en le faisant glisser sur la main.

La technique pour enclaver le bracelet de caoutchouc consiste à faire la succession des mêmes mouvements que précédemment mais dans l'ordre et le sens inverses.

Évasion d'un anneau à travers une cordelette

Ce que voient et entendent les spectateurs

Le magicien fait examiner une cordelette et un anneau métallique qui s'avèrent tout à fait normaux. Il enfile sur cette cordelette l'anneau dont le diamètre est d'environ 3 à 4 centimètres. Les extrémités de la cordelette sont alors remises entre les mains d'un spectateur.

Le magicien invoque une série de passes qui vont permettre de voir un phénomène absolument extraordinaire : la traversée visible de la matière à travers la matière. Le magicien recouvre l'anneau avec un foulard et sous le couvert de celui-ci, il prononce quelques incantations et effectue quelques passes permettant un éclatement interatomique du matériau formant l'anneau.

Puis le magicien saisit lui-même les extrémités de la cordelette et enlève le foulard, montrant l'anneau qui a été « noué » sur la cordelette, ainsi que le montre la photo (C) ci-après.

« Saisissez l'anneau » demande le magicien au spectateur et tirez-le fortement. Le public constate alors avec surprise que l'anneau est libre. A-t-il vraiment traversé la matière ?

Matériel nécessaire et préparation

1 Une cordelette assez mince ou une ficelle.
2. Deux anneaux identiques d'un diamètre permettant d'en dissimuler facilement un dans la main.

3. Un foulard ou une serviette quelconque.

La seule préparation est d'avoir à portée de la main le deuxième anneau afin de pouvoir s'en emparer secrètement.

Le travail caché du magicien

Vous faites tenir la cordelette, dans laquelle vous enfilez un anneau, par un spectateur. Vous saisissez secrètement le deuxième anneau et vous le cachez dans la main. Vous placez le foulard sur le premier anneau et la cordelette.

Les deux mains passent sous le couvert du foulard. Vous insérez au centre du deuxième anneau, une boucle que vous remontez de l'autre côté de l'anneau ainsi que le montrent les photos (A) et (B). Puis vous tirez sur la cordelette de part et d'autre de l'anneau de telle sorte que l'anneau semble coincé par un tour de la cordelette de chaque côté de l'anneau comme on le voit sur la photo (C). Vous demandez au spectateur de tendre la cordelette et vous faites glisser le premier anneau, sous le couvert du foulard, vers une extrémité de la cordelette.

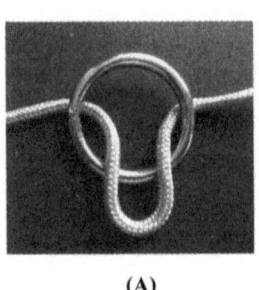 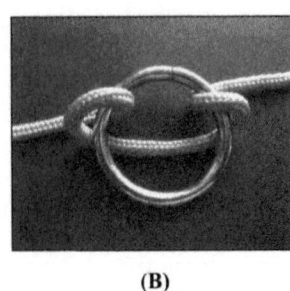 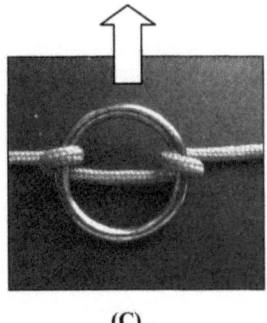

(A)　　　　　　　　　　(B)　　　　　　　　　　(C)

Vous prenez en main les deux extrémités de la cordelette et vous montrez au public que l'anneau est toujours bien « prisonnier ». Le fait d'être enroulé deux fois de part et d'autre de l'anneau donne une illusion parfaite d'un véritable emprisonnement de l'anneau par la corde. On pourrait appeler « illusion topologique » un tel enroulement de la cordelette.

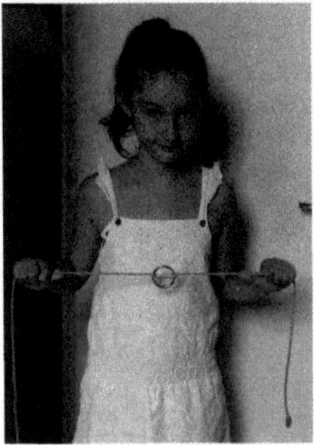

« Je tiens bien l'anneau »

Vous demandez alors au spectateur d'essayer d'enlever l'anneau, ce qu'il va faire facilement. Mais attention, il faut que le spectateur saisisse l'anneau au bon endroit avant de tirer. Vous pouvez faire pivoter l'anneau, en roulant la cordelette entre les doigts, de telle sorte que l'anneau soit vertical dans la position décrite par la photo (C). Le spectateur saisit alors l'anneau par sa partie supérieure et tire vers le haut, ce qui fait bien glisser la cordelette hors de l'anneau. Le deuxième anneau, caché par le foulard, est alors complètement glissé hors de la cordelette et vous vous en débarrassez discrètement.

110

Évasion de la corde du pendu

Une double boucle semble enserrer le cou du magicien qui envisage de se pendre. Selon la topologie de la boucle, il semblerait qu'elle doit se serrer inéluctablement en tirant dessus et étrangler le magicien. Mais la corde est magique et traverse sans mal le cou du magicien.

Ce que voient et entendent les spectateurs

Le magicien montre une corde d'environ deux mètres. Il raconte ses déboires dans la vie et parle de se pendre. Il passe la corde derrière sa tête et les deux extrémités de la corde pendent devant lui, par-dessus ses épaules.

Puis, prenant dans chaque main une partie de la corde, il l'enroule autour de son cou et il ramène les extrémités devant lui. La corde lui passe ainsi autour du cou. Puis le magicien fait un nœud avec la corde autour de son cou.

Prenant les deux extrémités de la corde dans une main, il fait mine de se pendre en élevant la main qui tient la corde, au-dessus de sa tête et en tirant la corde. Magiquement, la corde traverse le cou et le magicien tient dans sa main la corde sur laquelle se trouve la boucle qui enserrait le cou du « pendu ». Il défait cette boucle et en conclut qu'heureusement une bonne fée veillait sur lui.

Matériel nécessaire et préparation

(A)

1. Une corde ou une cordelette d'environ deux mètres. La cordelette ne doit pas avoir une texture glissante, comme certains cordons pour rideaux, ce qui empêcherait son maintien autour du cou. Aucune préparation n'est nécessaire.

Le travail caché du magicien

Le premier mouvement pour mettre en place la corde derrière la tête et laisser pendre les extrémités de la corde devant soi est très simple et naturel. Vous saisissez la corde, pas tout à fait vers le milieu, des deux mains, en les espaçant d'environ trente centimètres, et vous faites passer la corde derrière la tête. Lorsque vous lâchez la corde, celle-ci repose sur les épaules et les extrémités pendent devant vous. Il faut que la partie de la corde qui pend à gauche soit plus longue, d'environ vingt centimètres, que l'autre partie.

Maintenant, vous allez effectuer l'opération essentielle pour le tour. La main droite saisit la partie gauche de la corde et la main gauche saisit la partie droite. La main droite se trouve au-dessus de la main gauche en allant chercher la corde, ainsi que le montre la photo (A).

(B)

Puis chaque main ramène la corde de son côté, la main droite vers la droite et la main gauche vers la gauche. Puisque la main gauche était au-dessous de la main droite, la partie droite de la corde va passer par-dessus la partie gauche lorsque les mains ramènent la corde de chaque côté. La main droite tire la corde en faisant une sorte de demi boucle dans laquelle le pouce droit va se glisser ainsi que le montre la photo (B). Cette demi boucle doit être cachée par la main droite à la vue des spectateurs, la photo étant faite pour bien montrer la mise en place de la corde.

La main droite tire la demi boucle derrière la tête tandis que la main gauche ramène la corde par-dessus la tête. Les deux mouvements sont faits simultanément. Le pouce droit maintient la demi boucle derrière la tête et la main gauche continue son mouvement en passant derrière la tête tout en serrant avec la corde la demi boucle qui, une fois serrée, devient une boucle. La photo (C) met en évidence la demi boucle mais en réalité elle doit être toujours cachée, pour les spectateurs, par la main droite qui se place contre le cou et entraîne la demi boucle derrière la tête. La main gauche tire sur la corde de façon à bloquer la boucle qui est ainsi formée.

(C)

Les deux mains peuvent lâcher la corde qui, autour du cou, est enroulée selon la forme représentée sur la photo (D), vue de dos. Le public voit le devant de la corde qui enserre le cou et il a l'impression que la corde fait simplement un tour complet autour du cou.

Les deux mains peuvent ensuite nouer entre elles les deux extrémités de la corde et serrer le nœud autour du cou. Le public pense que le cou est enserré par deux tours de corde fermés par un nœud. Une main saisit alors ensemble les deux extrémités de la corde et tire dessus. La corde glisse sur la boucle, qui se trouve cachée derrière le cou, et la corde semble ainsi passer à travers le cou. Une grande boucle fermée pend alors au bout de la corde tenue dans la main.

Pour terminer, il est également possible de tirer sur les extrémités de la corde en saisissant une extrémité par chaque main. La corde se resserre et sort devant le cou en formant un nœud ; la traversée du cou semble alors plus évidente.

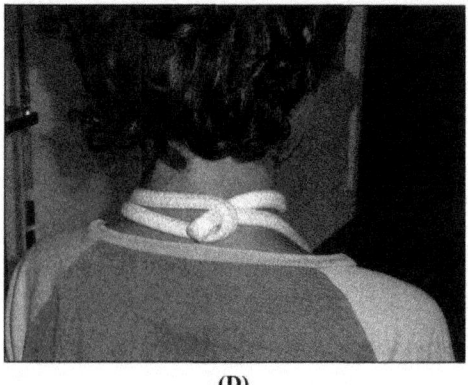

(D)

Le saut de l'élastique

Il s'agit d'un effet instantané que chacun peut improviser avec deux bracelets de caoutchouc. C'est un petit tour que les enfants peuvent apprendre dès l'école primaire.

Ce que voient et entendent les spectateurs

Le magicien glisse sur le majeur et l'index un petit bracelet de caoutchouc, un « chouchou » par exemple peut faire l'affaire. Il montre, en tirant sur l'élastique des deux côtés, que celui-ci entoure bien les deux doigts.

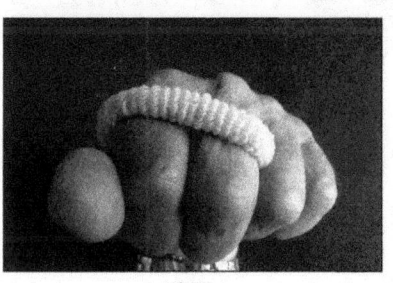

Il replie ensuite les doigts pour fermer son poing. L'élastique est bien visible sur le poing entourant l'index et le majeur ainsi que le montre la photo (A).

Le magicien étend alors brusquement les doigts et l'élastique fait un « saut » magique sur l'annulaire et l'auriculaire qu'il entoure complètement ainsi qu'il le faisait auparavant sur l'index et le majeur.

(A)

Puis le magicien annonce qu'il va emprisonner le « chouchou » à l'aide d'un autre élastique. Il remet le chouchou autour de l'index et du majeur, puis il entortille le deuxième élastique autour des quatre doigts tendus en formant une boucle autour de chaque doigt en effectuant une torsion de l'élastique avant la boucle suivante. Il obtient l'aspect de la photo (B), paume face en l'air.

Le magicien ferme alors le poing et le chouchou se présente toujours sous la forme de la photo (A). Puis le magicien ouvre brusquement le poing et le chouchou saute magiquement en entourant l'annulaire et l'auriculaire. L'emprisonnement par le deuxième élastique, qui est toujours en place, n'as pas empêché l'évasion du chouchou.

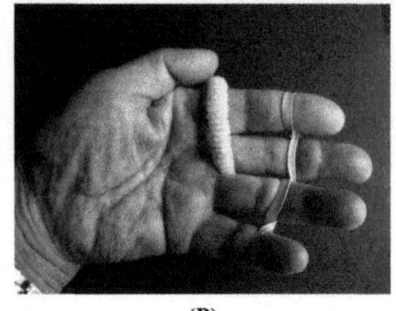

(B)

Matériel nécessaire et préparation

1. Deux bracelets de caoutchouc. L'un peut être un « chouchou » ou un élastique plus banal. L'autre élastique doit être un peu plus grand et éventuellement plus épais afin de bien montrer qu'il tient solidement aux doigts.

Pas de préparation particulière.

Le travail caché du magicien

Lorsque vous avez glissé le chouchou sur l'index et le majeur, vous tirez dessus pour montrer qu'il est bien autour des doigts. Pour cela, vous tirez d'abord du côté du dos de la main puis du côté de la paume. Avant de relâcher le chouchou, lorsque vous le tirez du côté de la paume que vous montrez au public, vous relevez la main en montrant le dos de la main au public et, simultanément, vous repliez les doigts en les passant dans le bracelet de caoutchouc formé par le chouchou sur lequel vous continuez de tirer. Ce dernier mouvement doit être caché au public grâce à la coordination du mouvement de relèvement de la main et du repliement des doigts.

On obtient alors la disposition du chouchou représenté sur la photo (C). Mais vous devez cacher la partie inférieure des doigts qui se trouvent emprisonnés dans la boucle créée par le chouchou. Pour cela, il faut basculer le poing de telle sorte que seule la partie supérieure des phalanges soit visible, selon la photo (A). En ouvrant le poing, l'élastique est entraîné automatiquement sur l'annulaire et l'auriculaire. Pour cela, il faut que toutes les extrémités des doigts, en particulier celle de l'auriculaire, soient bien entourées par le chouchou.

(C)

Lorsque vous utilisez un second élastique pour emprisonner les doigts, le processus est strictement identique pour assurer le saut du chouchou. En effet, ce fameux « saut » n'est en réalité qu'un pivotement ayant pour base l'espace situé entre le majeur et l'annulaire. Le chouchou pivote latéralement en passant au-dessus des extrémités de l'index et du majeur, puis de l'annulaire et l'auriculaire.

Enchaînement topologique d'un couple

Ce que voient et entendent les spectateurs

Le magicien demande à un spectateur et une spectatrice s'ils veulent devenir un couple « inséparable », entre guillemets. Il ne leur propose pas d'être lourdement enchaînés l'un contre l'autre mais simplement d'être attachés l'un à l'autre à l'aide d'une petite chaînette liée à leurs poignets. Si après quelques jours, dit le magicien, ils n'arrivent pas à se séparer, je leur remettrai une paire de pinces pour couper les chaînettes qui vont les relier l'un à l'autre.

Le magicien attache le poignet d'un volontaire en formant une boucle autour, puis il attache l'autre poignet avec la chaînette en laissant entre les deux poignets une distance d'environ 60 à 80 centimètres.

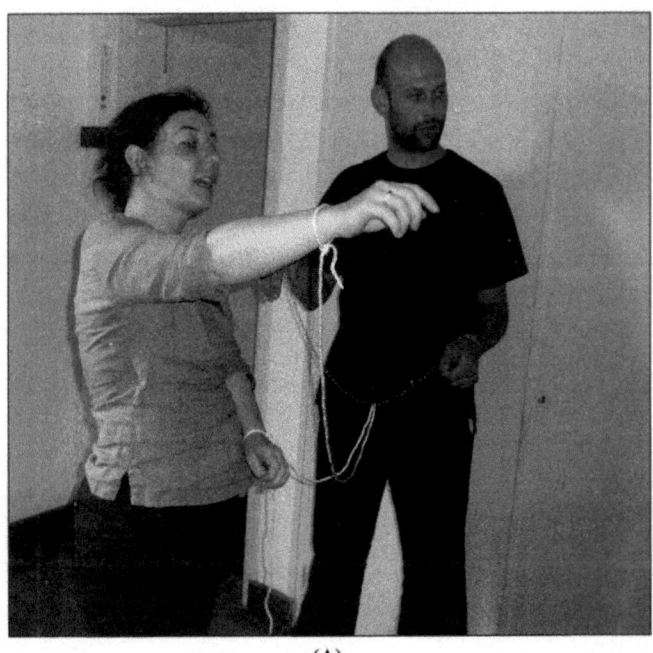

(A)

Puis, il fait de même avec la spectatrice mais, avant d'attacher le deuxième poignet de celle-ci, il passe la chaînette dans la courbe fermée que forment le corps, les bras et la chaînette du premier volontaire ainsi que le montre la photo (A). Les deux personnes sont donc attachées l'une à l'autre.

Dans l'exemple photographié en (A), la seconde chaînette a été remplacée par une cordelette. Deux cordelettes peuvent évidemment être utilisées pour cette attachement.

Les attaches forment deux courbes fermées qui doivent passer l'une à travers l'autre afin que les deux spectateurs puissent se séparer. Seraient-ils devenus inséparables comme on pourrait le croire ? Le magicien peut cependant les séparer rapidement sans défaire les liens.

Matériel nécessaire et préparation

1. Deux chaînettes et quatre cadenas. Deux cordelettes peuvent également être utilisées. Dans l'exemple ci-dessus, le magicien utilise une chaînette, deux cadenas et une cordelette. Aucune préparation.

Le travail caché du magicien

Très souvent, les enchaînés essaient de passer à travers leurs entraves ou l'un d'eux passe une entrave par-dessus la tête de l'autre partenaire. Vous devez laisser s'écouler un certain temps durant lequel les enchaînés font des essais, avant d'intervenir. Vous pouvez même passer au tour suivant en oubliant dans un coin de la scène les deux enchaînés.

(B)

Pour séparer les deux personnes, le processus est extrêmement simple mais encore faut-il opérer en respectant strictement la bonne symétrie. Considérons le cas de la personne dont les poignets sont entourés par la chaînette. La cordelette de la spectatrice, au point de rencontre avec la chaînette, se trouve, par exemple, dans la situation décrite par la photo (B). La cordelette passe derrière la chaînette, puis devant.

Vous devez saisir la cordelette à l'endroit indiqué par la flèche sur la photo (B) et passer cette partie, formant une sorte de boucle, sous la chaînette qui entoure le poignet du spectateur enchaîné. Mais il faut choisir le bon poignet, celui indiqué par le sens de la flèche. Essayez vous-même et vous verrez qu'un seul sens convient.

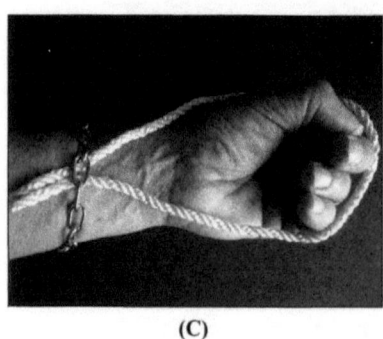

(C)

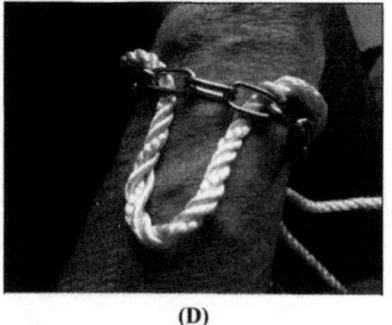

(D)

Vous passez sous la chaînette la boucle que forme la cordelette et vous la tirez en l'agrandissant. Cette boucle est ensuite passée par-dessus la main, ainsi que le montre la photo (C). L'extrémité de la boucle est alors passée sous la chaînette, de l'autre côté du poignet, selon la photo (D). Puis, en continuant de tirer sur la cordelette passée sous la chaînette, la cordelette s'évade de la chaînette et les deux spectateurs sont séparés.

Comment trancher le nœud gordien ?

Ce que voient et entendent les spectateurs

« Vous connaissez peut-être l'histoire d'Alexandre le Grand (–356/–323) qui fut roi de Macédoine à l'âge de 20 ans. Il entendit parler d'un oracle qui avait promis l'empire de l'Asie à celui qui dénouerait le fameux *nœud gordien*. » Ainsi commence le magicien en montrant deux cordes de couleur différente aux spectateurs, une corde blanche et l'autre rouge. Il les donne à examiner au public. Il montre ensuite un anneau que le public examine.

« Ce nœud gordien était un nœud très compliqué qui attachait le joug (pièce de bois posée sur le cou des vaches et liée autour des cornes) au timon du char de Gordias, roi légendaire, dédié à Zeus. Personne ne connaît vraiment comment était ce nœud mais je vais faire avec ces cordes un nœud assez compliqué que deux soldats d'Alexandre le Grand, choisis parmi les spectateurs, vont m'aider à dénouer. »

Le magicien demande à deux spectateurs de venir jouer les soldats d'Alexandre le Grand. Il peut, à cette occasion, les coiffer d'un casque en plastique du genre romain. Il précise que des anneaux étaient attachés au joug et qu'ils étaient utilisés pour former le nœud. Le magicien attache alors solidement l'anneau sur la corde blanche.

Puis il attache la corde rouge à la corde blanche, à côté de l'anneau. Il montre que l'ensemble des cordes et de l'anneau forme un nœud compliqué. Il remet respectivement à chaque « soldat d'Alexandre » les extrémités des cordes blanche et rouge et il leur demande de tirer sur les extrémités pour bien montrer qu'elles sont solidement liées entre elles par un « nœud gordien ».

« Alexandre le Grand, lors de sa campagne contre les Perses, en l'an –334, trancha avec son épée le fameux nœud gordien. Comme je n'ai pas d'épée, je vais opérer avec le tranchant d'une formule magique. »

Le magicien met le « nœud gordien » dans sa main et prononce quelques paroles magiques en macédonien antique. Il demande aux « soldats d'Alexandre » de tirer sur les cordes et, mystérieusement le nœud se rompt, chaque « soldat » tenant une corde libre. Le magicien, faisant un geste de victoire le pouce en l'air, montre l'anneau enfilé dessus.

Matériel nécessaire et préparation

1. Deux cordes ou cordelettes d'environ 1, 50 mètre.
2. Un anneau d'environ 4 centimètres de diamètre.

La préparation consiste à s'entraîner afin d'être capable de faire sans erreur le travail suivant qui demande une certaine attention.

Le travail caché du magicien

L'essentiel du travail du magicien est visible ; dans une première partie, il consiste à attacher ensemble visiblement l'anneau et les deux cordes.

Commencez par plier en deux la corde blanche, puis glissez ensemble dans l'anneau les deux parties ainsi repliées, ainsi que le montre la photo (A). Dans la boucle qui sort de l'anneau, vous passez les extrémités de la corde. Vous saisissez l'anneau avec la main droite et vous tirez la corde avec la main gauche de façon à obtenir un « nœud » qui emprisonne l'anneau, selon la photo (B).

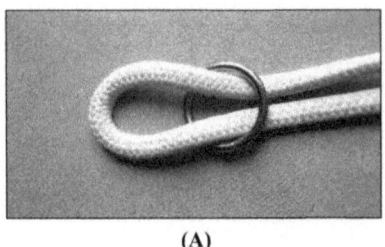
(A)

(B)

Vous enfilez ensuite la corde rouge (en gris foncé sur la photo) dans la boucle que forme la corde blanche ainsi qu'on le voit sur la photo (C), l'anneau se trouvant dans la position exacte donnée par la photo. Lorsque vous effectuez cette mise en place de la corde rouge, vous pincez la corde blanche, entre le pouce et l'index gauche, au niveau de la flèche, afin d'éviter la disparition du « nœud ».

(C)

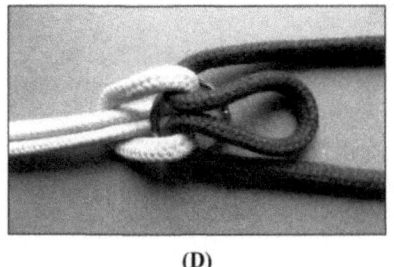 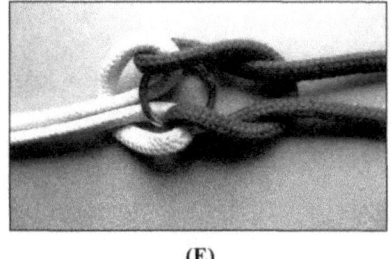

(D) **(E)**

Vous tirez ensuite une boucle rouge en passant entre les segments de la boucle de la corde blanche, selon la photo (D). Puis vous passez à travers cette boucle rouge les extrémités de la corde rouge, selon la photo (E). Les deux cordes, blanche et rouge, semblent ainsi parfaitement liées ensemble.

Durant cette manipulation, la main gauche ne doit pas relâcher le pincement sur la corde blanche. Il faut donc opérer uniquement avec la main droite pour aboutir à la situation de la photo (E). Pour cela, vous passez la main à travers la boucle de la corde rouge, montrée sur la photo (D), et vous attrapez les deux brins de la corde rouge que vous tirez à travers la boucle rouge jusqu'à sortir les extrémités de la corde à travers cette boucle.

Vous pouvez montrer ces nœuds verticalement en tenant seulement les extrémités d'une corde, selon la photo (F), vue sur la face opposée à la photo (E). Attention cependant à ne pas trop serrer le nœud rouge qui ferait basculer l'anneau et ouvrirait le nœud qui le maintient. Il ne faut pas utiliser des cordes ou cordelettes dont la surface est trop glissante car les nœuds se défont alors trop facilement.

(F)

Vous prenez ensuite l'ensemble du « nœud gordien » dans la paume de la main, l'anneau vers l'extérieur, ainsi que le montre la photo (G). Vous pouvez alors fermer la main, en bloquant tout en place, et vous donnez les extrémités des cordes à tenir à vos « soldats d'Alexandre ». Ils peuvent alors tirer de chaque côté pour montrer que les cordes sont bien liées ensemble.

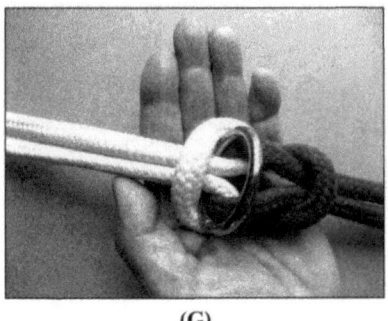 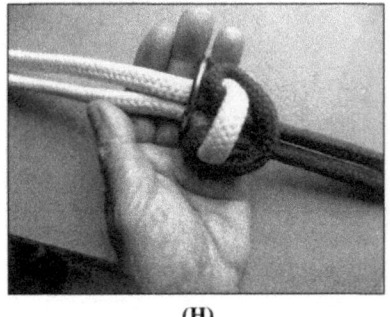

(G) **(H)**

Avec le pouce, vous poussez ensuite l'anneau entre le majeur et l'annulaire, selon la photo (H) ; afin de bien montrer le déplacement des cordes, la main est restée ouverte pour la photo. Lors de cette poussée de l'anneau, on voit que la boucle de la corde blanche passe au-dessus de l'anneau, commençant ainsi à défaire le nœud. En tirant sur les cordes, la boucle de la corde rouge passe également au-dessus de la boucle blanche et, continuant de glisser, les cordes sont libérées.

La corde blanche glisse le long de l'anneau ; celui-ci se libère et il est tenu entre le majeur et l'annulaire. Vous pouvez glisser votre pouce dedans et le montrer comme un trophée, le poing fermé, le pouce levé. Le « nœud gordien » a ainsi été « tranché » et Alexandre le Grand peut continuer ses combats.

La présentation de ce tour sous forme d'un rappel à la légende du « nœud gordien » a été suggérée par Duraty dans son remarquable ouvrage : *Enclavor & Liberator dans de nouvelles aventures* [Dur1], décrivant 15 effets magiques avec deux cordelettes, véritables « illusions topologiques ».

Divertissements et curiosités délectables

Célèbre évasion d'une paire de ciseaux

Une paire de ciseaux est emprisonnée par une cordelette ainsi que le montre la figure (A). On appelle « anneau » chacune des ouvertures circulaires à travers lesquelles on passe les doigts pour saisir une paire de ciseaux.

Une boucle a d'abord été passée dans l'anneau de gauche des ciseaux, puis les extrémités de la cordelette sont passées dans la boucle. Les extrémités de la cordelette sont ensuite repassées dans l'anneau de droite.

Les extrémités de la cordelette sont tenues par un spectateur ou attachées à une poignée fixe, de porte ou de meuble. Le problème est de libérer la paire de ciseaux sans que le spectateur lâche les extrémités de la cordelette. La manipulation pour le faire est assez délicate et il faut bien respecter les positions des brins de la cordelette que montrent les différentes photos qui suivent.

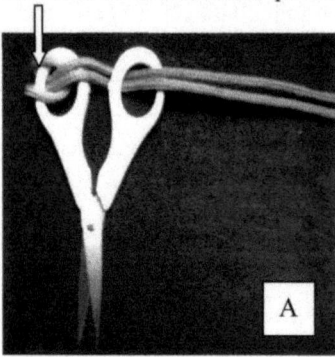
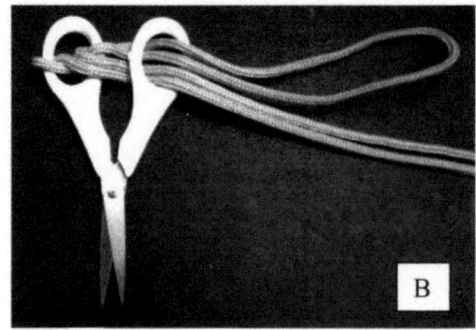

La première étape consiste à élargir considérablement la boucle de la cordelette qui entoure l'anneau de gauche. Pour cela, il suffit de tirer sur la cordelette au point indiqué par la flèche sur la photo (A). La boucle ainsi formée est passée dans l'ouverture de droite, sans entortiller les brins l'un sur l'autre, ainsi que le montre la photo (B).

La pointe des ciseaux est ensuite passée à travers la boucle, sans que les brins soient tordus l'un sur l'autre, comme le montre la photo (C). La boucle est montée complètement vers le haut, selon la flèche de la photo (C), puis tirée vers la droite. On voit que les brins tenus par le spectateur (qui se trouve sur la droite) sont passés automatiquement à travers la boucle (photo (D)).

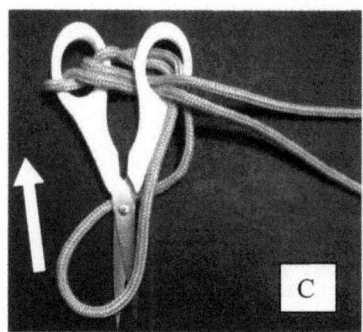

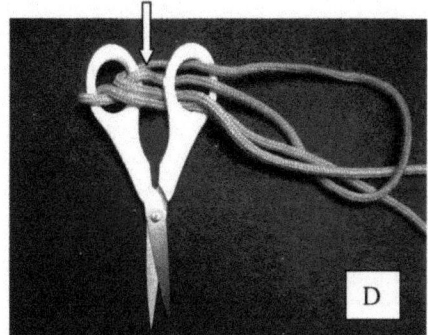

Le brin supérieur de la boucle, indiqué par une flèche sur la photo (D), est ensuite tiré vers la gauche. La boucle de droite est ainsi déplacée vers la gauche ; cette boucle glisse le long des brins de la cordelette, selon la photo (E).

La boucle de droite, en se rétrécissant, passe à travers l'anneau droit des ciseaux. En continuant de tirer vers la gauche, la boucle déroule progressivement les enroulements de la cordelette autour de l'anneau gauche et finalement la partie gauche se réduit à une simple boucle passant à travers l'anneau gauche des ciseaux. Il suffit de tirer vers la droite sur les brins de la cordelette pour libérer complètement la paire de ciseaux, ainsi que le montre la photo (F).

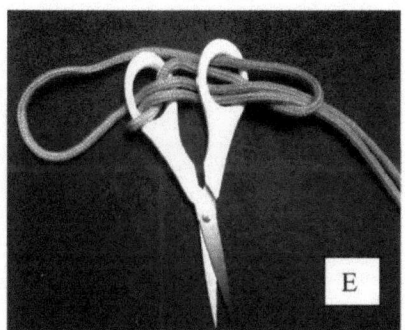

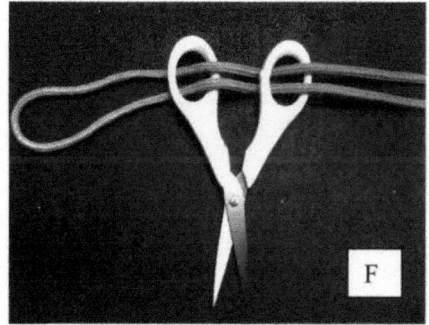

Comment faire un nœud sans lâcher un bout d'une corde

« Lorsque vous faites un nœud sur une corde, il faut lâcher une extrémité de la corde pour la passer à travers la boucle servant à former le nœud. » dites-vous. Joignant le geste à la parole, vous montrez qu'il faut nécessairement lâcher un bout de la corde.

« Peut-on faire un nœud sans lâcher l'un des bouts d'une corde ? » demandez-vous à votre auditoire. Les spectateurs peuvent essayer mais s'aperçoivent que c'est impossible en utilisant la technique traditionnelle.

Vous montrez alors la technique à utiliser pour résoudre ce problème. Vous étalez une corde sur une table ou un canapé. Puis, vous croisez les bras, la main droite passant sur l'avant-bras gauche et la main gauche, sous l'avant-bras droit. En vous penchant, vous saisissez une extrémité de la corde avec votre main droite et l'autre extrémité avec votre main gauche. Puis, vous redressant, vous décroisez les bras et le nœud se forme sur la corde.

Lorsque les bras sont croisés et que les mains saisissent la corde, l'ensemble des bras, du corps et de la corde forment déjà un nœud fermé du type « trèfle ». En décroisant les bras, on le transforme simplement en un nœud sur la corde.

Un « chouchou » est mis à l'index mais réussit à s'évader

Un effet curieux d'évasion instantanée peut être obtenu toujours grâce à une « illusion topologique ».

Vous utilisez un bracelet élastique, un « chouchou », par exemple. Vous le glissez sur l'index d'une spectatrice en précisant qu'il ne s'agit pas d'un anneau de fiançailles. La photo (A) montre cette première étape.

Vous tirez ensuite sur le chouchou et, tout en le laissant enfilé sur l'index, vous le faites passer entre le majeur et l'annulaire, ainsi que le montre la photo (B). Il n'est pas utile de lâcher le chouchou, la photo étant prise pour bien mettre en évidence le passage du chouchou entre les deux doigts : majeur et annulaire

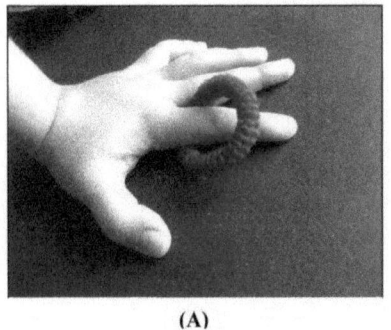
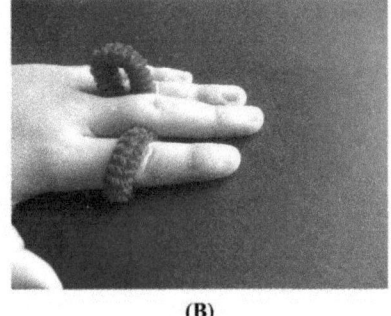

(A)   (B)

Puis, vous continuez à tirer sur le chouchou et vous glissez la boucle, qui dépasse entre majeur et annulaire, à nouveau sur l'index. Vous obtenez la disposition décrite par la photo (C). Attention, lorsque vous tirez sur la boucle et la passez à nouveau dans l'index, il faut que ce soit la partie du chouchou, indiquée par une flèche, qui se trouve dès le début au-dessus de l'index, qui passe à la fois par-dessus le majeur et l'index ainsi que le montre la photo (C). L'inverse consisterait à faire passer la partie du chouchou située dès le début en dessous de l'index et donnerait une même vue de dessus, mais ne permettrait pas d'aboutir à l'évasion du chouchou.

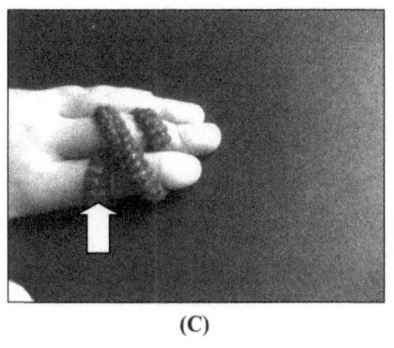 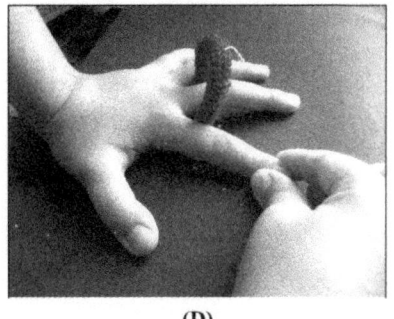

(C)   (D)

Vous tenez vous-même l'index de la spectatrice et vous lui demandez alors de replier le majeur de telle sorte que le chouchou glisse hors de l'extrémité du majeur. Brusquement, l'élastique se détend et le chouchou s'évade mystérieusement de l'index pour se retrouver autour du majeur ainsi que le montre la photo (D), l'index étant toujours solidement tenu par le magicien ou tout autre personne.

Même si vous montrez ce petit exercice d'évasion plusieurs fois de suite, les personnes qui observent le mode opératoire auront toujours beaucoup de mal à le reproduire.

Un tressage incroyable crée une illusion topologique

Avec une simple bande de papier vous pouvez réaliser un tressage absolument fantastique. Vous découpez une bande de papier, du journal par exemple, d'une longueur d'environ 25 à 30 centimètres et de 2,5 centimètres de large environ. Vous faites ensuite deux incisions dans cette bande de papier, dans le sens de la longueur, découpant ainsi trois bandes de largeur à peu près égale ainsi que le montre le dessin (A) ci-dessous.

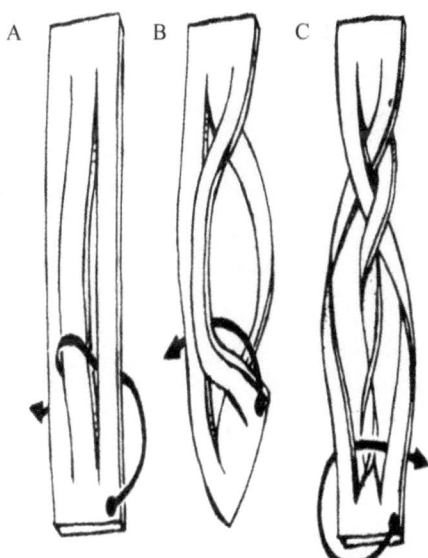

Pour réaliser un tressage « interne » de ces bandes entre elles, il faut procéder en suivant les différents schémas ci-contre. En (A) et (B), l'extrémité droite de la partie inférieure du papier est passée derrière la bande droite en courbant le papier, puis devant la bande du milieu et enfin derrière la bande gauche. Les bandes sont alors tournées sur elles-mêmes comme le montre le schéma (C).

Une deuxième torsion des bandes est obtenue en faisant passer l'extrémité inférieure droite du papier derrière la bande gauche, puis devant celle du milieu et enfin derrière la bande droite.

On obtient finalement un tressage qui, idéalement, est représenté sur le schéma ci-dessous.

Il est difficile de réaliser un tressage parfaitement plat avec du papier. La photo ci-dessous montre un tressage qui n'a pas été aplati pour bien montrer les bandes qui sont tressées les unes entre les autres. Avec un cuir très souple, ou un tissu, on peut obtenir un tressage plus aplati.

En courbant la bande de papier et en collant ses extrémités ensembles, on obtient un bracelet tressé ainsi que le montre la photo suivante. La courbure permet aux bandes tressées d'être bien plaquées les unes contre les autres, formant un bracelet parfait.

Le plus étonnant est d'arriver à tresser les bandes sans séparer leurs extrémités. Cela signifie que la tresse est topologiquement équivalente à la bande de papier non tressée. Avec une bande de papier plus longue, on peut continuer à faire d'autres tresses « internes » supplémentaires en recommençant les opérations décrites par les schémas (B) et (C) précédents. Il est ainsi possible de réaliser une ceinture tressée avec une seule bande de cuir.

Chapitre 7

Illusions géométriques

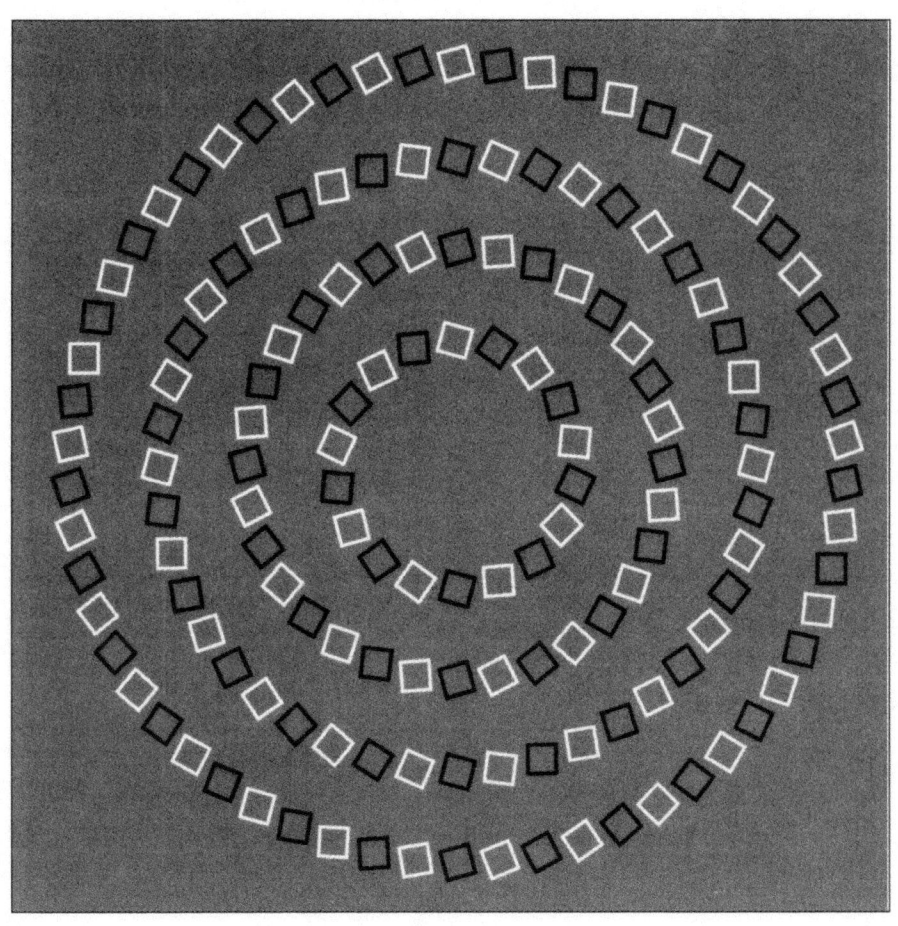

Cercles qui s'entrelacent de Baingio Pinna
Les cercles paraissent se chevaucher alors qu'ils sont concentriques.
L'illusion disparaît lorsqu'on regarde le dessin d'assez loin.

Illusions visuelles
Magiques, divertissantes et scientifiques

Durant des millénaires, les illusions visuelles produites par la nature ont été les seules que les hommes connaissaient. Ignorant les lois de l'optique, ces phénomènes illusoires étaient interprétés comme des manifestations divines. L'arc-en-ciel était une arche d'alliance entre Dieu et les hommes. L'ombre d'un homme par temps ensoleillé était considérée comme une entité illusoire qui s'attachait aux êtres. Les mirages étaient des manifestations diaboliques.

Par la suite, les hommes inventèrent à leur tour des illusions. Elles furent sans doute d'abord gestuelles, utilisant des techniques primitives, puis les sculptures et les dessins devinrent les premiers objets illusoires.

Portés par les mythes et les religions, les sorciers et les magiciens créèrent des illusions et des pratiques dont les illusionnistes sont de nos jours les héritiers, sans en avoir conscience pour la plupart. Qui se souvient que la fameuse formule « Abracadabra » était un maître mot de la magie guérisseuse ; elle charmait nombre de maladies et notamment la fièvre. Cette formule se portait au cou en manière d'amulette, écrite en triangle sur un parchemin. La baguette magique de l'illusionniste est également un héritage de la sorcellerie. Cette baguette devait être faite de coudrier et de la pousse de l'année. La baguette était plus « efficace » quand, avec l'acier de la lame qui avait servi à la couper, on forgeait deux bagues placées à chacune des extrémités du bois de coudrier.

Puis, au cours des siècles, de nouvelles illusions visuelles virent le jour. Le développement de la perspective conduisit à des représentations architecturales en trompe-l'oeil qui étaient de véritables illusions. L'emploi de miroirs sans tain permit l'apparition de fantômes sur des scènes habilement truquées. Les lanternes magiques devinrent de plus en plus sophistiquées, permettant des projections d'un réalisme saisissant. Le cinéma prit le relais, inventant d'abord le dessin animé puis, les techniques photographiques s'étant perfectionnées, l'industrie cinématographique se développa rapidement, utilisant de nos jours toutes les possibilités offertes par les trucages et les images numériques.

Diverses techniques permettent de recréer l'illusion de la vision en relief à partir d'images planes. Les couples stéréographiques, issus de la photographie, montrent des vues en relief. L'holographie est de nos jours le *nec plus ultra* de la photographie en relief, donnant une illusion du réel vu sous des angles différents.

Le cinéma en relief reste toujours assez discret, tout au moins en France, alors qu'aux Etats-Unis de grands acteurs ont tourné dans des films en relief. Des caméras à double objectif permettent des prises de vue sous forme de couples stéréographiques polarisés ; le spectateur muni de lunettes également polarisées peut ainsi voir des films en relief en couleurs.

D'innombrables illusions visuelles, divertissantes ou intrigantes, ont été également inventées au cours des siècles, puis commercialisées sous forme d'images ou d'objets, pour le plus grand plaisir des petits et des grands.

Dans notre ouvrage *Illusions visuelles, magiques, divertissantes et scientifiques*, nous avons décrit et montré des exemples de pratiquement tous les genres d'illusions visuelles.

Voyez-vous des spirales ? C'est une illusion, ce sont des cercles concentriques.

En découpant astucieusement des figures géométriques, puis en les reconstituant différemment, on obtient de nouvelles figures dont les surfaces semblent avoir augmenté ou diminué d'aire. C'est une illusion géométrique que l'on peut habiller d'un semblant de magie.

Le carrelage magique

Ce que voient et entendent les spectateurs

« Monsieur et Madame Duciel ont acheté en solde des carreaux de céramique pour poser dans leur salle de bain. Mais il n'y avait que 64 mètres carrés du style de carrelage qui leur plaisait. Or leur salle de bain a une surface de 65 mètres carrés car ils habitent un manoir du 19e siècle. » C'est ainsi que commence l'histoire racontée par le magicien.

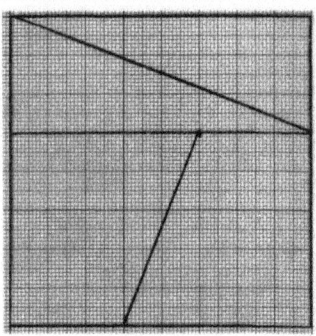

Figure 7.1

Monsieur Duciel a toujours pensé qu'il avait la bosse des mathématiques depuis qu'il s'était cogné la tête contre un fer à cheval à l'âge de quatre ans. Il explique donc à sa femme qu'il n'y a rien d'impossible en géométrie pour augmenter la surface d'un carré en le transformant en rectangle. Sa femme qui en a entendu d'autres ne veut rien entendre. Pour la convaincre, monsieur Duciel lui montre alors le découpage géométrique suivant du carré formé par les 64 carreaux (Figure 7.1). Il lui fait remarquer que la surface est bien égale à

$8 \times 8 = 64$ mètres carrés puisque chaque carreau mesure 1 mètre de côté.

Monsieur Duciel a tracé sur une feuille de papier millimétré — c'est un maniaque de la précision — le découpage qu'il se propose de faire de son carrelage. Il découpa avec des ciseaux le tracé qu'il a réalisé sur son papier et assemble les quatre morceaux du puzzle sous la forme d'un rectangle (Figure 7.2).

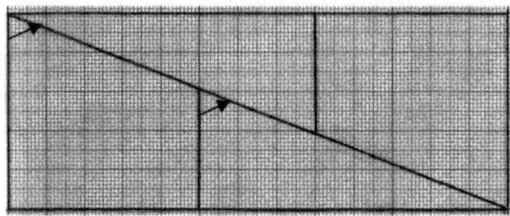

Figure 7.2

Le nouvel arrangement lui donne un rectangle ayant 13 carreaux d'un côté et 5 carreaux de l'autre. La surface du rectangle est donc égale à $13 \times 5 = 65$ mètres carrés. C'est ce qu'il montre à sa femme et à des amis venus ce soir là prendre l'apéritif. Tous en sont babas malgré leurs connaissances en géométrie.

Madame Duciel, qui a quand même une grande admiration pour certains talents de son mari, pense qu'il doit être aussi un peu magicien. Elle le laisse faire la découpe de ses carreaux. Après avoir abattu trois cloisons pour changer la forme de la salle de bain, monsieur Duciel pose effectivement, sous forme d'un rectangle, les carreaux qu'il a soigneusement découpés. Les joints entre les carreaux sont bien faits et Madame Duciel, en voyant le travail fini, se dit que vraiment elle a épousé un homme tombé du ciel.

Pour finir son histoire, le magicien ajoute l'anecdote suivante : Pourquoi les époux Duciel ont-ils une si grande salle de bains ? C'est qu'ils ont 5 enfants qui sont des quintuplés et pour les baigner tous en même temps, il vaut mieux avoir une grande baignoire. Devinez comment ils se prénomment ? Rappelez-vous que leur nom est Duciel et qu'ils sont nés un soir de Noël. Les prénoms sont les suivants : Betty, Baba, Noël, Quentin et Cendra, inspirés par la chanson de circonstance : « Petit papa Noël, quand tu descendras du ciel ».

Matériel nécessaire et préparation

1. Un grand carré de carton sur lequel vous dessinez 64 carreaux. Vous faites le découpage selon le schéma de la figure 7.1.

Le travail caché du magicien

Le magicien n'a rien à cacher. D'où vient le mètre carré supplémentaire ? En réalité le rectangle dessiné sur la figure 7.2 n'a pas une diagonale aussi droite qu'il peut sembler aux spectateurs qui voient l'assemblage des morceaux du carré initial. La « diagonale » du rectangle n'est pas une droite parfaite mais elle s'en éloigne d'assez peu. Monsieur Duciel a dû simplement tricher un peu sur la largeur des joints pour que le carrelage semble parfait.

Comment ça fonctionne ?

Sur la figure 7.2 on a représenté par des petites flèches les angles d'une part d'un trapèze, d'autre part d'un triangle. Or ces angles sont peu différents mais ne sont pas mathématiquement égaux. La tangente de l'angle du trapèze est égale à 2/5 = 0,4, tandis que la tangente de l'angle du triangle est donnée par 8/3 = 0,375. La différence est faible, soit 0, 025, et la « diagonale » du rectangle n'est donc pas une droite parfaite. Les deux droites formées par l'assemblage des trapèzes et des triangles ne coïncident donc pas entre elles et le petit interstice entre les deux pseudo droites a une surface égale à un carreau.

Le tapis brûlé et raccommodé

Ce que voient et entendent les spectateurs

Le magicien raconte que le grand-père de son épouse avait ramené un tapis volant d'un pays d'Orient où, en ces temps déjà lointains, les tapis remplaçaient encore pour les voyages des cheiks sans provision les jets des magnats du pétrole.

Son épouse avait hérité de ce magnifique tapis carré, tissé à la main, dont les dimensions sont de 110 cm sur 110 cm. Malheureusement ce tapis fut brûlé par une braise projetée par le feu qui brûlait dans leur cheminée alors que le pare-feu avait été oublié. Une partie d'environ deux cents centimètres carrés était endommagée ainsi que le montre le dessin ci-dessous où la partie noircie représente la surface brûlée.

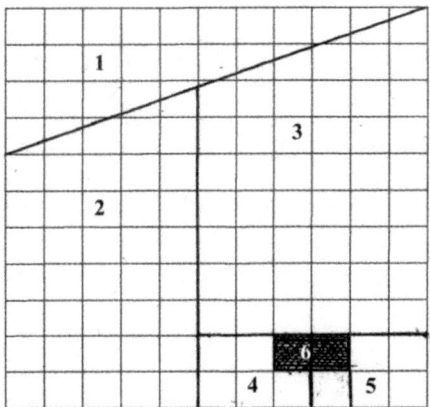

L'épouse du magicien était fortement désolée de cette catastrophe qui venait d'abîmer le tapis de son grand-père. Aussi le magicien proposa-t-il à son épouse de lui refaire un tapis de mêmes dimensions où la partie brûlée aurait disparue.

Le magicien raconte alors ce qu'il fit. Il découpa le tapis en six morceaux, selon le dessin ci-dessus ; il montre alors six morceaux de carton représentant le tapis. Ces cartons forment un puzzle dont les morceaux sont numérotés de 1 à 6.

Puis, continue le magicien, il porta ces morceaux à recoudre chez un ami couturier en les assemblant selon un modèle magique représenté page suivante.

Le magicien prend cinq morceaux du puzzle, ceux numérotés de 1 à 5, et les place selon la disposition ci-dessous. Il n'utilise donc pas le morceau « brûlé » du tapis. Malgré cela, les spectateurs constatent que le tapis mesure toujours 110 cm sur 110 cm bien que la surface du morceau numéro 6 du puzzle ait été éliminée.

L'épouse du magicien est une nouvelle fois émerveillée par les talents absolument fantastiques de son célèbre époux.

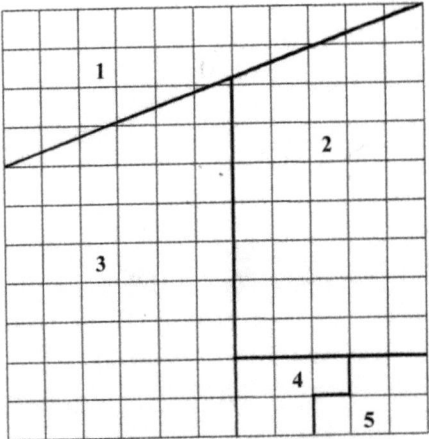

Matériel nécessaire et préparation

1. Un grand carré de carton que vous découpez en six morceaux selon le schéma de la page précédente. Le quadrillage permet de compter les petits carrés pour vérifier que la surface obtenue est « identique » dans les deux cas.

Le travail caché du magicien

Le magicien n'a rien à faire de particulier sinon à broder une histoire sur ce découpage géométrique qui, comme dans le tour précédent, est basé sur une illusion géométrique. Si le premier tapis est bien un carré, le second est en réalité un rectangle.

Comment ça fonctionne ?

La surface qui a « disparu » est de 200 cm^2, ce qui est relativement faible par rapport à la surface initiale de 12 100 cm^2, soit moins de 2%. Il y a donc des ajustements entre les éléments numérotés de 1 à 5, lorsque vous formez le nouveau carré, qui ne redonnent pas un carré mais un rectangle.

La surface totale semble être toujours égale à 110 cm sur 110 cm mais en réalité le second « carré » à cinq éléments, obtenus à partir du premier, ne peut pas en être un. Sa surface est en effet égale à 12 100 − 200 = 11 900 cm^2 et le bord supérieur de chacune des deux figures précédentes a une même longueur, soit 110 cm. Le second « carré » est donc un rectangle dont les autres côtés sont égaux à : 11 900/110 = 108,18 cm. Sur une distance de l'ordre du mètre, les deux centimètres manquants n'apparaîtraient pas à un œil non averti. Pour un carré initial en carton de l'ordre de 20 cm de côté, par exemple, une différence inférieure à 4 mm ne saute pas nécessairement aux yeux.

Disparition d'une surface moins grande

Si vous estimez que la surface qui « disparaît » est trop importante, ce qui conduit à des dimensions du rectangle, formé par cinq éléments, trop différentes d'un carré, vous pouvez utiliser le découpage suivant pour un tapis de 1,20 mètre sur 1,20 mètre. Un découpage analogue au précédent ne permet de faire disparaître que seulement un carreau de 10 cm sur 10 cm.

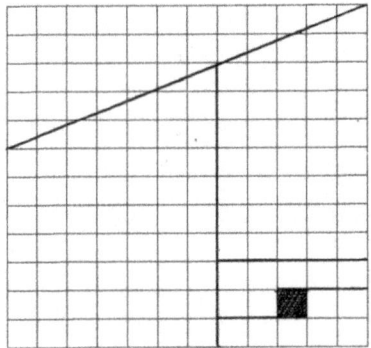 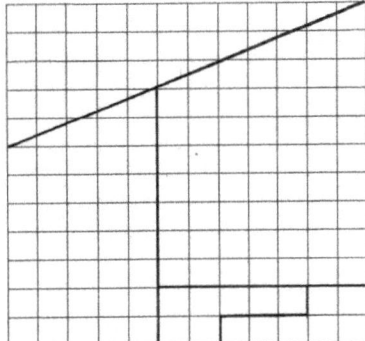

On a l'illusion, comme précédemment que les deux tapis sont de mêmes dimensions, mais le second a évidemment une surface moindre égale à :
$$14\,400 - 100 = 14\,300 \text{ cm}^2$$
Les côtés supérieur et inférieur du rectangle ci-dessus, formé de cinq éléments, sont toujours de 120 cm ; les autres côtés sont égaux à :
$$14\,300/120 = 119,16 \text{ cm}$$
Pour un carré initial en carton de 20 cm de côté, le rectangle obtenu avec cinq éléments a seulement un léger raccourcissement dans un sens de 1,4 millimètre.

Le triangle des Bermudes

Ce que voient et entendent les spectateurs

« Le triangle des Bermudes est un lieu maudit de l'Atlantique Nord où de nombreux navires ainsi que des avions ont disparu mystérieusement. La disparition soudaine de ces navires et de ces avions, ainsi que l'absence de toute trace, soulève de nombreuses questions restées jusqu'à ce jour sans réponse. Je pense pouvoir apporter une solution à ces mystères en montrant que la géométrie de ce triangle fait apparaître en son sein une béance dans laquelle sont aspirés tous les objets lors du déchaînement de l'Océan. » Ainsi commence le magicien en montrant un triangle de carton qu'il a placé au milieu d'une vue photographique d'un océan déchaîné. Ce triangle a été découpé en six morceaux ainsi que le montre le dessin ci-dessous.

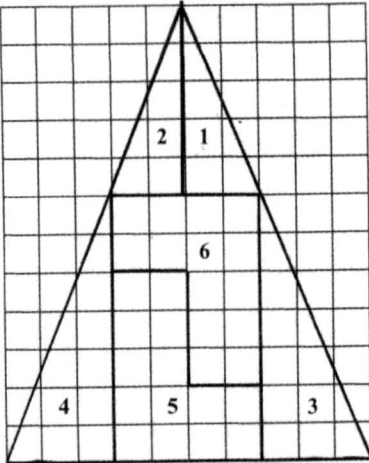

« Lorsque la tempête se déchaîne, la géométrie même de l'espace-temps du triangle des Bermudes va se déchirer. Un trou monstrueux va apparaître au centre du triangle qui va engloutir tous les vaisseaux qui s'aventurent dans ce célèbre triangle. » Ainsi continue le magicien qui, prenant les morceaux du triangle, les redistribue pour former un autre triangle qui semble identique au précédent mais où apparaît un espace vide au centre. Ce trou est noir, de la couleur de la partie du support sur lequel sont posés les morceaux du puzzle. Les spectateurs voient le triangle ci-dessous.

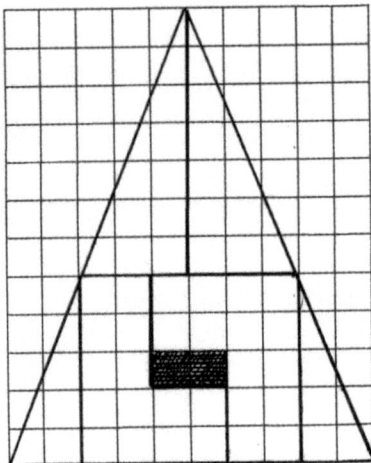

Selon d'autres croyances, ajoute le magicien, ce serait le dieu des océans, Neptune lui-même, qui habiterait dans cet espace. Importuné par le bruit des navires, il engendrerait des tempêtes qui créeraient un maelström gigantesque qui les engloutirait. Des phénomènes extrêmement bizarres se manifestent certainement dans ce fameux triangle, tels des phénomènes magnétiques qui perturbent tous les instruments de mesure, car les disparitions de navires ont réellement eut lieu. Lorsque les tempêtes se calment, continue le magicien en réajustant les pièces de son puzzle selon la figure initiale, l'océan reprend sa structure lisse et sa surface retrouve sa géométrie euclidienne traditionnelle. Il montre alors que le triangle s'est reconstitué, ainsi qu'à l'origine.

Matériel nécessaire et préparation

1. Une feuille de carton que vous quadrillez régulièrement et que vous découpez en six morceaux selon la méthode décrite ci-dessous. La figure dessinée précédemment est un véritable triangle mais en réalité le magicien présente une figure qui est légèrement différente d'un triangle.

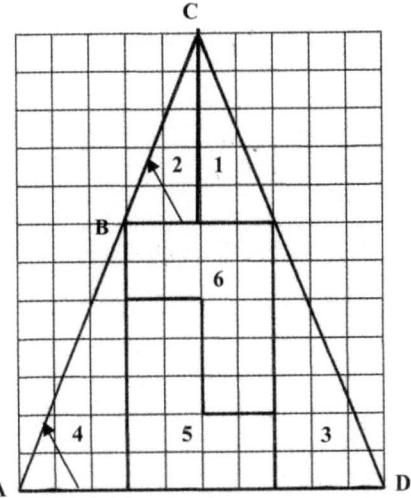

Sur le dessin ci-dessus, le point A désigne exactement le coin inférieur gauche du grand rectangle ; le point B se situe exactement à l'intersection des lignes qui dessinent le quadrillage ; le point C est situé au milieu du côté supérieur du grand rectangle.

Le triangle rectangle numéro 4 a pour hypoténuse la droite A-B. Le triangle 2 a pour hypoténuse la droite B-C. Or ces deux droites ne sont pas exactement dans le prolongement l'une de l'autre. Il est facile de s'en rendre compte puisque le triangle n° 4 a des côtés dans le rapport 3/7, tandis que le triangle n° 2 a des côtés dans le rapport 2/5. En mettant au même dénominateur, on obtient des rapports égaux respectivement à 15/35 et 14/35. Ceci fait que les angles, indiqués par des flèches dans chacun de ces triangles, ne sont pas tout à fait les mêmes et, par conséquent, la ligne A-B-C n'est pas une droite.

L'angle en A est légèrement inférieur à l'angle en B. La ligne A-B-C est une ligne brisée rentrant à l'intérieur d'un véritable triangle A-C-D. La ligne C-D étant construite de façon identique à A-C, la surface que vous découpez est donc inférieure à celle d'un véritable triangle.

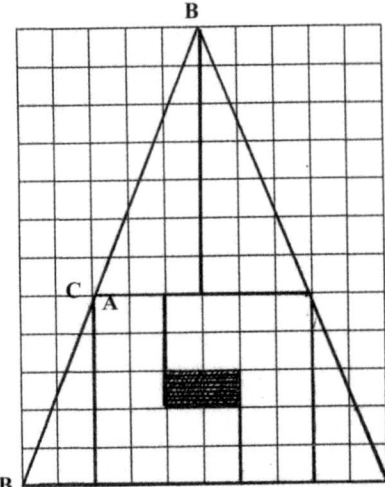

Que va-t-il se passer pour le second « triangle » que vous allez former à partir des six morceaux du puzzle ? Puisque vous intervertissez les morceaux n° 4 et n° 2, la droite notée précédemment B-C se retrouve dans la partie inférieure de la figure et la droite A-B dans la partie supérieure. L'angle entre ces deux droites est un angle sortant par rapport à un véritable triangle. La surface du nouveau « triangle » formé par les six morceaux du puzzle est donc supérieure à celle d'un véritable triangle.

Finalement, le premier « triangle » ayant une surface inférieure à celle d'un vrai et la surface du second étant supérieure, la différence entre ces deux superficies se retrouve sous la forme d'une partie vide : le fameux maelström du triangle des Bermudes.

2. Un support, représentant un océan déchaîné. Un cercle noir se trouve placé sur ce support, sous le triangle de carton, et sur lequel vous placerez l'espace vide du second triangle que vous formez à partir du premier.

Le travail caché du magicien

Le magicien n'a rien a faire d'extraordinaire sinon à former correctement le second triangle à partir des éléments du premier. Le plus difficile est d'inventer une histoire abracadabrantesque pour présenter cette illusion géométrique.

Lorsque ce second triangle est en place, vous devez bien faire remarquer que les dimensions du triangle sont strictement identiques à celles du premier. En effet, la base a toujours une longueur de 10 carreaux et sa hauteur est toujours égale à 12 carreaux, c'est-à-dire les mêmes nombres de carreaux que précédemment.

Remarquons que le camouflage des différences de surface est bien plus subtil que celui relatif au carré décrit précédemment. L'œil discerne difficilement le fait que les lignes formant les côtés des « triangles » sont brisées lorsqu'elles sont vues dans un plan perpendiculaire à l'axe de vision.

Le contenu qui contient le contenant

Ce que voient et entendent les spectateurs

Le magicien présente une boîte grise parallélépipédique dont il enlève le couvercle. Il place dans la boîte un autre parallélépipède noir, ainsi que le montre la photo ci-dessous.

Il referme la boîte grise en plaçant par-dessus le couvercle. Le parallélépipède noir se trouve donc entièrement dans la boîte grise.
Puis le magicien ouvre la boîte grise et sort le parallélépipède noir. Ce dernier peut s'ouvrir à son tour en faisant glisser l'intérieur qui s'emboîte dans son couvercle. Il montre ainsi deux boîtes ouvertes de dimensions semblables ainsi que le montre la photo ci-dessous.

Le magicien forme alors un parallélépipède gris en replaçant le couvercle gris sur l'autre partie de la boîte. Il met ensuite ce parallélépipède gris dans la boîte noire ainsi que le montre la photo ci-dessous.

Puis le magicien referme la boîte noire en replaçant le couvercle sur le bas de celle-ci qui contient le parallélépipède gris. Ainsi, le parallélépipède noir, qui était contenu dans la boîte grise, devient à son tour le contenant. Le contenu est devenu le contenant et réciproquement.

Matériel nécessaire et préparation

1. Deux boîtes exactement semblables, de mêmes dimensions. Chaque boîte est formée de deux parallélépipèdes dont l'un des faces est absente, l'un des parallélépipèdes pouvant s'emboîter sur l'autre pour former une sorte de couvercle. Ce couvercle glisse, sans forcer sur l'autre partie de la boîte. La hauteur de ce couvercle est telle que, lorsqu'il est complètement enfoncé, la partie intérieure affleure le bas du couvercle. La boîte ainsi fermée forme donc un parallélépipède parfait.

Les dimensions extérieures du parallélépipède, donc du couvercle, sont de 4,3 et 3,8 cm, la hauteur étant de 3,5 cm. Ce sont ces dimensions externes, 3,8 et 3,5 cm, qui permettent de le rentrer dans l'autre partie de la boîte dont les dimensions internes sont presque les mêmes. Les deux boîtes étant identiques, elles sont évidemment interchangeables. Ces boîtes sont commercialisées chez les marchands d'articles de magie.

Le travail caché du magicien

Le magicien n'a rien à cacher. Il enferme simplement la boîte noire dans la boîte grise. Puis, après avoir sorti la boîte noire et l'avoir ouverte, il introduit le parallélépipède gris dans la boîte noire. Le contenu devient alors le contenant. C'est un effet curieux qui, évidemment, semble « magique ».

La bougie allumée à travers une vitre

Les miroirs sont des objets dont les propriétés géométriques sont « magiques ». Lorsque vous vous regardez dans un miroir, celui-ci reflète une image qui n'est pas vraiment la vôtre puisqu'elle est inversée. Si vous clignez de l'œil droit, vous voyez le personnage qui se trouve « derrière » la glace qui cligne de l'œil gauche.

Les miroirs sans tain sont encore plus extraordinaires et nous en reparlerons plus longuement au chapitre consacré au mentalisme. Deux petites expériences de « magie » basées sur les propriétés des miroirs sans tain ou de simples vitres placées sur fond noir qui présentent des propriétés analogues.

En effet, la réflexion de la lumière ne s'effectue pas seulement sur les miroirs mais sur tous les objets ayant un poli suffisant. Une simple vitre est traversée par la lumière mais une partie est simultanément réfléchie à sa surface. En plaçant une feuille de papier noir derrière un morceau de verre et en éclairant fortement votre visage, le verre fait office de miroir dans lequel vous apercevez votre figure fortement assombrie car une faible quantité de lumière est seulement réfléchie par la surface d'un corps transparent.

Une illusion peut être créée par une telle réflexion de l'image d'une flamme. Dans une cheminée de salon, des flammes brillantes peuvent se refléter la nuit dans le vitrage d'une fenêtre et donner l'illusion d'un feu situé à l'extérieur.

La figure ci-dessous illustre cette illusion de manière amusante. Placez, de part et d'autre d'une plaque de verre, d'une vitre de fenêtre, par exemple, deux bougeoirs identiques portant chacun une bougie de même hauteur.

La bougie A qui est éclairée directement par le jour venant de la fenêtre, se réfléchie dans le carreau qui joue le rôle d'un miroir. L'image de cette bougie, vue par réflexion, se superpose à celle de la seconde, B, vue par transparence à travers la vitre.

L'illusion consiste à « allumer la seconde bougie B à travers le carreau ». Pour cela, il suffit d'allumer la bougie A et il semble alors que la seconde bougie B s'allume immédiatement. En réalité, le corps de la bougie B est vu par transparence alors que sa flamme illusoire est vue par réflexion. L'illusion sera d'autant meilleure que le fond situé derrière le vitrage est plus sombre ; un tissu noir améliore l'illusion.

Métempsycose d'un âne transformé en chaise

Le terme de *métempsycose* désigne une doctrine selon laquelle une même âme peut animer successivement plusieurs corps humains. C'est un dogme fondamental du brahmanisme pour lequel la réincarnation des êtres existe.

Par analogie, ce terme fut repris pour désigner une illusion consistant à transformer visiblement et progressivement un individu en un autre, ou un objet quelconque en un autre. Le système qui permet une telle illusion date du 19e siècle et a été inventé par Pierre Séguin. Cet appareil, breveté le 16 septembre 1852 sous le nom de *polyoscope*, est présenté sous forme d'un jouet mais il est à la base de nombreux effets qui furent utilisés au théâtre.

Le principe de la métempsycose consiste à regarder un premier objet A à travers une glace sans tain puis à faire disparaître progressivement la vision de l'objet A en diminuant son éclairage. Durant ce même temps, un autre objet B est éclairé peu à peu et il se reflète dans la glace sans tain, l'image de B remplaçant progressivement celle de A.

La boîte à métempsycose de Tom Tit

La technique du polyoscope fut décrite en 1892 sous le titre *La boîte magique*, dans un ouvrage *La science amusante* écrit par Arthur Good sous le pseudonyme de *Tom Tit*. Ce livre destiné à « amuser les petits », et sans doute aussi les grands, contient un ensemble d'expériences de physique qu'il est possible de réaliser simplement avec des objets usuels. Comme une glace sans tain n'est pas très usuelle, elle est remplacée dans le présent montage par une simple vitre.

Les dessins de la figure ci-dessus montrent la technique de réalisation de cette boîte magique. On commence par former un tube en carton (n° 1 de la figure) ayant environ 10 centimètres de côté et 60 centimètres de long. Deux trappes sont découpées de part et d'autre du tube et elles doivent pouvoir s'ouvrir et se fermer aisément, par exemple en formant une charnière avec une bande adhésive. Ce tube est ensuite coupé en deux moitiés par une section oblique à 45 degrés. Un trou circulaire est percé sur l'une des grandes faces latérales ; ce trou est situé à environ 5 centimètres de l'extrémité ouverte du tube.

Les deux morceaux de tube sont alors assemblés selon le n° 2 de la figure, de telle sorte que les deux trappes soient d'un même côté. On obtient ainsi une sorte d'équerre. L'assemblage des parties obliques sera réalisé avec des bandes de papier solidement collées ou mieux avec des morceaux de carton découpés en équerre et collés par-dessus les faces latérales.

Une plaque de verre est également nécessaire ; elle doit mesurer 11 centimètres de hauteur et 7 à 8 centimètres de largeur. Cette plaque doit être insérée entre les deux branches de « l'équerre » ainsi que le montre le n° 3 de la figure. Pour cela, il faut pratiquer une fente le long du raccordement oblique des deux morceaux de tube et glisser la plaque de verre dans cette fente.

La boîte ainsi réalisée ressemble à une grosse équerre, comme l'indique le dessin n° 2 de la figure. Cette « équerre » est posée horizontalement et on introduit deux petits objets différents placés chacun au-dessous des trappes mobiles. Le dessin n° 3 montre l'intérieur de la boîte dans laquelle figurent les objets, une petite chaise et un âne miniature. Supposons à présent que la trappe située au-dessus de la chaise soit fermée et que celle qui se trouve au-dessus de l'âne soit ouverte. En regardant par le trou circulaire, le spectateur aperçoit, à travers la vitre, l'âne qui est éclairé par le jour ou par une lampe électrique.

Lorsqu'on ferme progressivement la trappe située au-dessus de l'âne et que l'on ouvre en même temps la trappe qui se trouve au-dessus de la chaise, l'image de l'âne va disparaître peu à peu alors que la chaise va se refléter dans la vitre. Durant cette variation d'éclairage, le spectateur va voir les deux images se mélanger l'une à l'autre et la chaise va remplacer progressivement l'âne. Si la chaise est vivement éclairée, elle sera aperçue très nettement par le spectateur, comme si elle se trouvait en face de lui, à la place de l'âne. L'illusion géométrique est excellente, même avec une simple vitre.

Afin d'augmenter le mystère du spectacle, la boîte magique peut être dissimulée derrière une grande feuille de carton dans laquelle on perce un trou circulaire qui est placé juste devant celui de la boîte. On peut ainsi manipuler sans être vu les trappes et le spectateur ne pourra pas savoir comment s'opèrent ces mystérieuses transformations.

L'effet de la transformation progressive d'un objet en un autre est très spectaculaire et surprenant. Parmi mes souvenirs « magiques », je me rappelle étant enfant avoir construit moi-même une telle boîte à métempsycose. De là vient peut-être mon attrait resté intact pour les illusions en tout genre.

La pièce de monnaie aspirée par une seringue

Le phénomène de réfraction permet de faire apparaître ou disparaître un objet plongé dans l'eau. Pour cela, on met au fond d'un récipient opaque une pièce de monnaie (Figure ci-contre). Un observateur regarde le rebord du récipient de telle sorte qu'il ne voit pas la pièce de monnaie mais que s'il se lève légèrement, il l'aperçoive.

En remplissant peu à peu le récipient avec de l'eau, l'observateur voit la pièce qui apparaît progressivement. L'œil a en effet l'illusion géométrique que la pièce est située au-dessus de la position qu'elle occupe réellement par suite de la réfraction. À ce moment ce n'est pas la pièce elle-même qui est aperçue mais son image créée par la réfraction.

Inversement, lorsque la pièce est apparue, on pompe avec une grosse seringue l'eau qui se trouve dans le récipient (Figure ci-contre). Le niveau de l'eau baisse peu à peu et la pièce disparaît en même temps. En cachant le dispositif par un carton muni d'un trou, l'opérateur peut raconter qu'il injecte et pompe la pièce dans sa seringue.

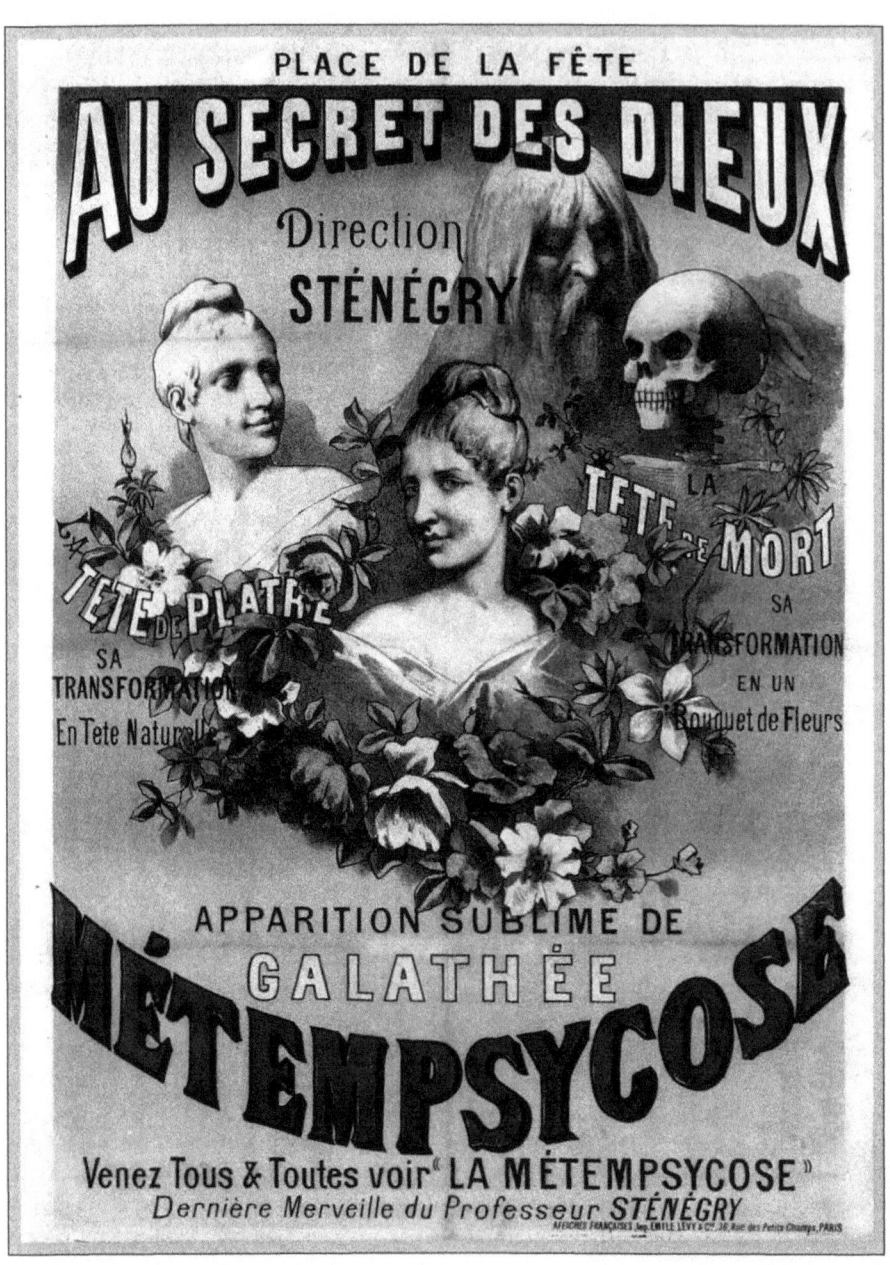

Les spectacles de métempsycose sont basés sur l'illusion géométrique que les rayons lumineux issus d'un objet que nous voyons arrivent en ligne droite de l'objet à nos yeux. Ce n'est plus le cas lorsque ces rayons lumineux sont renvoyés par un miroir dont nous ignorons l'existence. Nous croyons alors que l'objet que nous voyons est situé en ligne droite de l'autre côté du miroir.

Divertissements et curiosités délectables

Découpage d'un rectangle pour en faire un carré

On dispose d'une feuille rectangulaire dont la longueur est le double de la largeur. Comment peut-on découper cette feuille de façon à reconstituer sûrement un carré avec les morceaux du rectangle ?

Dessinons un rectangle dont la longueur $2b$ soit le double de sa largeur b. On obtient le schéma suivant :

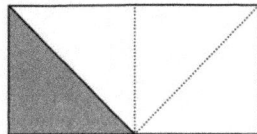

La surface de ce rectangle est égale à $2b^2$. La surface du carré doit être égale à celle du rectangle ; le côté de ce dernier doit donc être égal à $(b\sqrt{2})$. Le théorème de Pythagore nous dit que la diagonale d'un des carrés formant le rectangle ci-dessus est précisément égale à la racine carrée de la somme des carrés des deux côtés, soit $\sqrt{(b^2 + b^2)} = (b\sqrt{2})$.

Il suffit donc de donner trois coups de ciseaux pour répondre à la question. Le rectangle est d'abord coupé en deux, donnant ainsi deux carrés ; puis, chacun de ces carrés est coupé selon sa diagonale. L'assemblage de ces quatre triangles rectangles donne le carré cherché, ainsi que le montre le dessin ci-contre.

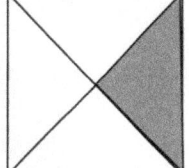

Combien de carrés voyez-vous ?

Déterminez le nombre de carrés différents que vous voyez dans le dessin ci-contre.

Il y a 30 carrés différents :
- 1 de taille 4 sur 4
- 4 de taille 3 sur 3
- 9 de taille 2 sur 2
- 16 de taille 1 sur 1

Le jeu chinois du « Tangram »

Le « Tangram » est un puzzle formé de sept pièces qui permettent de former une multitude de figures géométriques ou ressemblant à des personnages, des animaux ou des objets usuels.

Ce puzzle, appelé en chinois « Tch'i Tch'iao pan », est originaire de Chine et son invention remonte à de nombreux siècles avant J.-C.

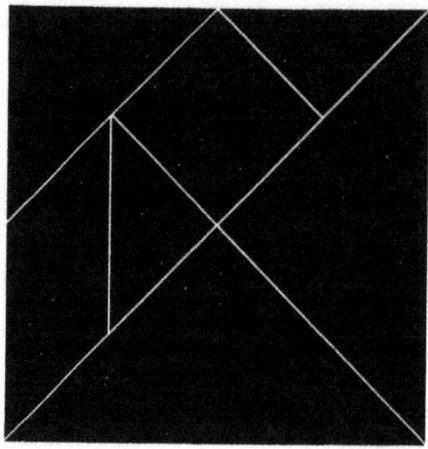

Les sept pièces du Tangram sont issues de la découpe d'un carré. Lorsque ces pièces sont mélangées, la reconstitution du carré n'est pas immédiate. Les figures géométriques compactes : rectangle, triangle, trapèze, etc., sont les plus difficiles à réaliser. Les figures ci-dessous donnent un aperçu de quelques-unes des réalisations possibles. La disposition des différents morceaux du puzzle n'est évidemment pas indiquée car le but du jeu est précisément d'arriver à former ces figures.

Un livre accompagne toujours les pièces du puzzle en montrant un nombre important de figures possibles. Dans une première partie du livre, seule la silhouette finale des figures est dessinée, ainsi qu'on le voit ci-dessus. Dans une seconde partie de l'ouvrage, on trouve les mêmes silhouettes dans lesquelles figurent les différentes pièces du puzzle, comme ci-dessous.

La variété des attitudes des personnages qui sont donnés en exemple dans les ouvrages est assez extraordinaire. Avec seulement sept morceaux de carton noir, il est possible de suggérer des poses ou des mouvements d'un réalisme saisissant dont on donne quelques exemples. L'illusion créée par quelques figures géométriques simples, assemblées entre elles, est proprement incroyable.

Il en est de même pour la représentation d'animaux familiers ou sauvages. On retrouve la sobriété de certaines estampes chinoises qui, en quelques traits, évoquent tout une ambiance, une scène ou un instant fugitif.

Toutes les figures sont aussi plates que les pages sur lesquelles elles sont imprimées. Les sept éléments sont montrés dans leur totalité ; il n'y a pas de recouvrement qui pourrait permettre quelques variations. Le Tangram répond à une antique exigence : c'est dans la limitation que les maîtres se révèlent.

Des illusions de la géométrie dans l'espace

La perception du relief est liée à la fois à la vision binoculaire et à la connaissance que nous avons acquise de notre environnement à trois dimensions. Selon les objets que l'on regarde d'un seul œil, notre vision du relief sera plus ou moins perturbée. En regardant en vision monoculaire une maison, par exemple, le cerveau reconstitue mentalement sa forme dans l'espace et l'impression de relief subsiste en grande partie. Par contre, si l'on regarde un ensemble désordonné, comme le feuillage d'un arbre, la vision du relief est beaucoup plus altérée.

Le relief est plus ou moins apparent selon l'éclairage. Une lumière rasante fait ressortir les détails d'une sculpture ou d'un monument. Mais les effets de relief ne dépendent pas seulement de l'éclairage ainsi que le montre le prisme de Wundtsche ci-dessous.

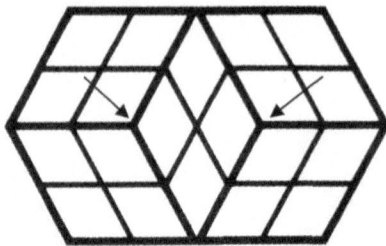

L'intersection des arêtes aux points indiqués par les flèches peut en effet sembler être en avant du dessin ou au contraire en arrière. On perçoit alors un cube plein à droite ou à gauche, la partie opposée formant alors un espace creux. On peut également voir deux cubes pleins qui avancent et entre les deux un espace qui serait en creux mais dont le relief est mal défini.

Les effets de perspective sont surtout trompeurs lorsqu'ils concernent des éléments architecturaux. Ce sont les peintures dites en trompe-l'œil qui visent à donner l'illusion de la réalité. De nombreuses pièces de palais italiens ont été peintes en trompe-l'œil ainsi que le montre, par exemple, le décor ci-dessous réalisé au palais Pitti à Florence. On jurerait que des statues surmontent la porte, encadrant un balcon illusoire.

Le trompe-l'œil est une longue tradition italienne puisque l'on a retrouvé des peintures en trompe-l'œil dans des villas antiques de Pompéi, Rome et d'autres cités. La création de la perspective est censée dater de la Renaissance italienne mais les anciens Romains avaient déjà une certaine maîtrise de cet art.

Objets impossibles en géométrie imaginaire

Des objets et des structures complexes, semblant avoir une certaine réalité grâce à une utilisation fallacieuse de la perspective, ont été créés à partir des années 1930 par le dessinateur suédois Oscar Reutersvärd. Les figures ci-dessous montrent deux exemples de ses créations d'une géométrie de l'impossible.

Environ 2 500 structures impossibles ont été inventées par Reutersvärd à partir de 1934. L'empilement de briques de la figure de gauche en est un exemple. La plus connue de ses inventions est celle du « trident » qui comporte deux branches à un bout et trois à l'autre. L'illustration de la figure de droite est un exemple décoratif.

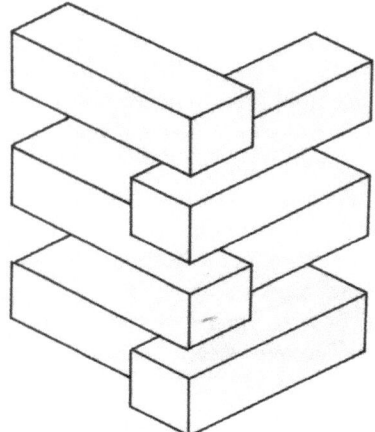 

Les dessins de Reutersvärd restèrent longtemps inconnus du grand public. Ce ne fut qu'à partir des années 1960 que les dessins publiés par Escher firent connaître ces structures imaginaires. Auparavant, Roger Penrose et son père avaient publié en 1958 un article, dans le *British Journal of Psychology,* montrant deux structures impossibles, devenues classiques : l'escalier sans fin et le triangle impossible.

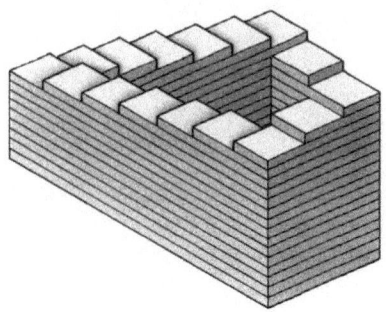 

Lorsque des structures impossibles sont bien intégrées dans des décors, ainsi que l'ont fait des artistes de renom comme Escher et d'autres depuis, ces structures acquièrent une réalité dont il devient difficile de trouver les failles.

C'est alors le raisonnement qui nous permet de comprendre que ces objets ne peuvent pas exister. Dans le cas de la structure triangulaire, on voit que l'angle que font deux barres entre elles, au point de contact, est égal à 90 degrés puisque les parallélépipèdes qui constituent chaque barre sont assemblés les uns contre les autres ; par conséquent, la somme des angles du triangle serait égale à 270 degrés, alors que chacun sait que cette somme est toujours égale à 180 degrés en géométrie euclidienne, ce qui confirme l'impossible existence d'une telle structure triangulaire.

Vision stéréographique d'objets impossibles

Lorsqu'on regarde un objet à trois dimensions, chacun de nos yeux perçoit une vue légèrement différente. Le cerveau effectue une synthèse de ces deux images ce qui nous permet de percevoir le relief.

On peut recréer la vision en relief d'un objet à partir d'images planes en envoyant à chaque œil une image différente telle que chacune serait perçue indépendamment par un seul œil. La photographie en relief utilise ainsi deux photos, ou couple stéréographique, pour recréer l'illusion du relief.

Pourquoi ne pourrait-on pas créer des objets impossibles vus en relief en utilisant un couple stéréographique ? m'étais-je demandé. Mettant cette idée en œuvre, j'ai publié les premiers couples stéréographiques d'objets impossibles dans mon ouvrage, *Illusions visuelles, magiques, divertissantes et scientifiques*. La figure ci-dessous est un exemple d'un tel couple stéréographique d'objets impossibles.

Pour percevoir le relief à partir de ce couple stéréographique, vous placez verticalement un rectangle de carton entre les deux dessins. Pour avoir une bonne vision, qui dépendra de chacun, le rectangle peut avoir une hauteur d'environ 8 à 15 centimètres, et être un peu plus large que la hauteur des dessins. L'éclairage doit être identique pour chacun d'eux.

Tenant le carton verticalement, vous posez le nez sur la tranche supérieure du carton de façon à ce que chaque œil ne voit qu'un seul dessin. Assez rapidement, il se produit un phénomène de fusion des deux images, celles-ci se rapprochant lentement, et l'image résultante donne une impression de relief.

Chapitre 8

Partages

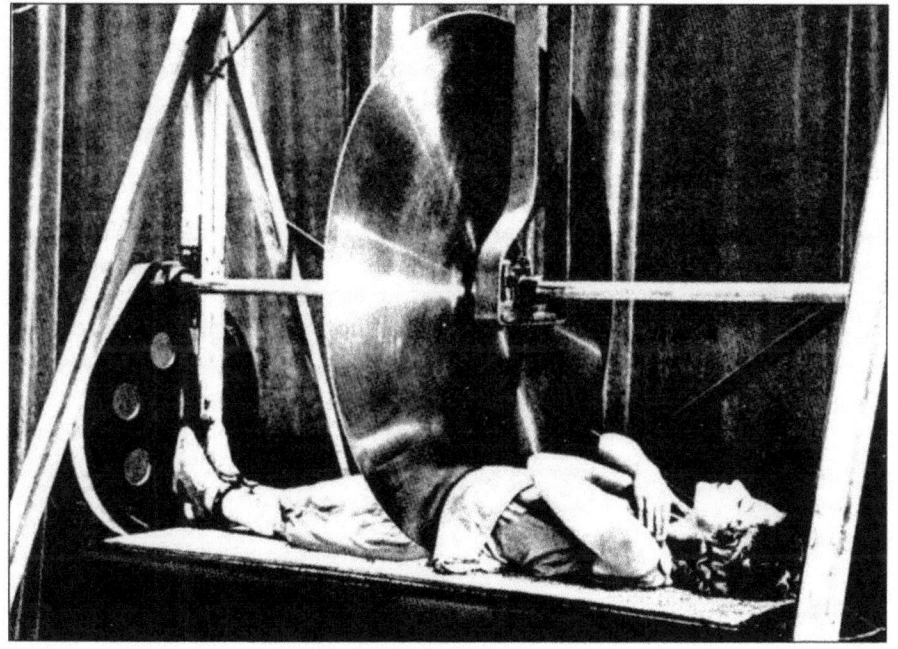

La « Femme sciée en deux » présentée dans les années 1920 par Horace Goldin (1873-1939)

La « *Femme sciée en deux* »

Dans les années 1915, Horace Goldin est devenu célèbre grâce à une grande illusion, la « *Femme sciée en deux* ». Sa première version consistait à donner l'impression de découper une femme en deux à l'aide d'une scie de bûcheron, la femme étant allongée dans une caisse.

La présentation de Goldin consistait à lier les mains et les pieds de la femme, les cordes étant tenues par des spectateurs venus sur scène garantir l'authenticité du découpage. La caisse était posée sur une table qui semblait avoir environ 3 à 4 centimètres d'épaisseur. Les extrémités de la caisse comportaient des ouvertures permettant de faire passer la tête et les pieds de la femme allongée dans la boîte. Durant tout le temps de la découpe, les pieds et la tête restaient ainsi toujours visibles, dépassant de la caisse. Goldin s'emparait alors d'une scie à main et découpait la caisse en son milieu.

Des effets dramatiques étaient ajoutés à l'opération. Lorsque la caisse était à moitié sciée, le magicien glissait deux plaques, de part et d'autre de la coupure. L'une des plaques s'enfonçait doucement, mais, lorsqu'il essayait d'enfoncer l'autre, il ne pouvait y parvenir. Il demandait alors au spectateur qui tenait la corde liée aux pieds, de tirer légèrement pour voir si cela ne permettrait pas de dégager l'emplacement pour la glissière. Peu à l'aise, le spectateur obéissait et le magicien, s'essuyant le front, enfonçait alors la deuxième glissière.

Pendant plusieurs années, la magie, aux Etats-Unis, se borna presque à la femme coupée en deux. Goldin faisait en effet exploiter son procédé par diverses troupes, se réservant les grands centres et occupant ses loisirs à écraser ses concurrents. D'autres magiciens indépendants s'étaient en effet emparés de sa technique. Goldin perfectionna alors son système et sa présentation.

La seconde mise en scène par Goldin de la « *Femme sciée en deux* » était encore plus spectaculaire. Le découpage se faisait en effet à vue à l'aide d'une énorme scie circulaire, ainsi que le montre la photo de la page précédente datant des années 1920. L'illusion est pratiquement parfaite puisque la femme reste « entièrement » visible. L'ambiance créée par cette présentation est particulièrement dramatique. Le vrombissement de la gigantesque scie circulaire, avec laquelle de grosses bûches étaient coupées réellement en deux morceaux, glaçait d'effroi les spectateurs qui étaient déjà mis en condition par la sirène d'une ambulance et la présence de deux infirmières.

Une des premières mises en scène connues de la femme coupée en deux fut réalisée par le magicien Torrini (1789-1829) au début du 19e siècle. Le magicien condamnait l'une de ses assistantes, qui avait égaré un collier, à être découpée en morceaux. La demoiselle était mise de force dans une longue boîte en bois posée sur une table et Torrini débitait en deux parties la caisse. Chaque partie était mise debout sur la table et, de chacune d'elle, sortait une réplique exacte de l'assistante. Torrini utilisait deux jumelles habillées de façon identique. L'idée de la femme coupée en deux semble avoir ensuite été abandonnée pour reparaître seulement un siècle plus tard grâce à Goldin.

1/2, 1/3, 1/4, 1/5, ...

Dans son ouvrage *Pourquoi ont-ils inventé les fractions ?* [Rou1], l'auteur nous fait remarquer dès le début : « Couper une tarte ou un rectangle en parts égales est bien différent de couper en parts égales un angle, une boule de plasticine, un intervalle de temps. Couper en deux parts égales est facile ou difficile selon la chose que l'on veut couper. »

L'auteur de ce livre ne parle évidemment pas de couper une femme en deux. C'est le domaine des magiciens qui démontrent *de visu* que l'on retrouve l'unité en additionnant deux moitiés. Partager en trois parties égales est déjà plus difficile. Par contre, un découpage en quatre morceaux revient à couper en deux, puis à couper chaque morceau de nouveau en deux. Voyons d'abord comment on peut retrouver un entier après avoir magiquement couper cet entier en deux.

La corde coupée en deux et raccommodée

Ce que voient et entendent les spectateurs

« Les mathématiciens sont-ils des magiciens ? Ils nous disent en effet que si l'on coupe une chose en deux, cela donne deux fois ½, puis qu'en ajoutant ½ plus ½ on obtient 1, donc la même chose qu'avant de l'avoir coupée. Donc si un mathématicien coupe en deux sa femme, en rapprochant les morceaux cela lui redonnera une femme. Nous allons voir qu'il faut en fait être mathémagicien pour démontrer que ½ + ½ = 1. »

Après ce petit exposé mathématique, le magicien montre une corde magique qu'il donne à examiner. Pour montrer ses propriétés extraordinaires, le magicien entoure son cou avec la corde, comme s'il voulait se pendre, et celle-ci lui traverse le cou en tirant brusquement dessus.

Puis, le magicien se propose de couper la corde en deux parties égales. Il plie la corde en deux dans sa main et, remettant une paire ciseaux à un spectateur, le magicien lui demande de couper la corde, juste au milieu, en deux morceaux. Le spectateur s'exécute et le magicien tient en main les deux morceaux.

« Si l'on additionne une moitié de corde plus une autre moitié, cela va-t-il nous redonner une corde entière ? Le mathématicien répondra que ½ + ½, cela va donner un. Alors additionnons les morceaux et voyons ce qu'il va en résulter. » Durant ce commentaire, le magicien noue ensemble les deux morceaux de corde et montre le résultat : une corde avec un nœud au milieu.

Le magicien en conclut que ce n'est guère magique mais, puisque la corde est magique, il suffit de l'enrouler autour de la main et elle redevient intacte comme avant. Le magicien montre, en la déroulant, la corde reconstituée.

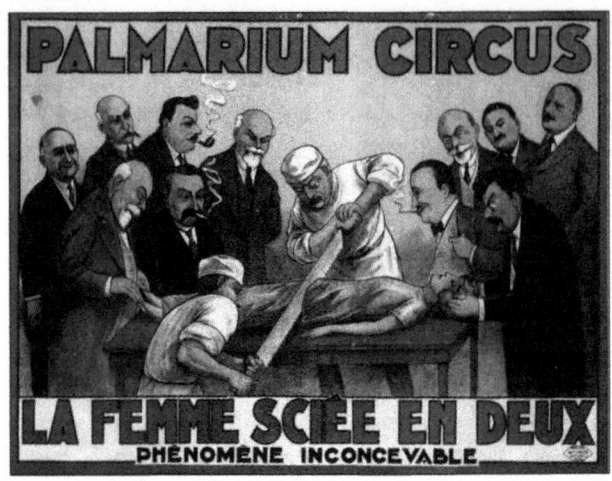

Matériel nécessaire et préparation

1. Une cordelette ou un corde assez mince ayant environ un mètre de long.
2. Une paire de ciseaux.
Pas de préparation.

Le travail caché du magicien

Vous pouvez montrer quelques propriétés magiques de votre corde avant de procéder à sa coupe. Le passage d'une corde à travers le cou a été décrit au cours du chapitre 6 sous le titre : *Évasion de la corde du pendu*. Vous pouvez également réaliser, presque magiquement, un nœud sur la corde fait d'une seule main, tour qui est décrit dans notre ouvrage précédent : *Tours extraordinaires de mathémagique*.

Pour faire croire au public que la corde est réellement coupée en son milieu, vous devez procéder à la manipulation suivante. Vous mettez les deux extrémités de la corde dans votre main gauche et vous les maintenez entre le pouce et l'index gauches, ainsi que le montre la photo ci-contre.

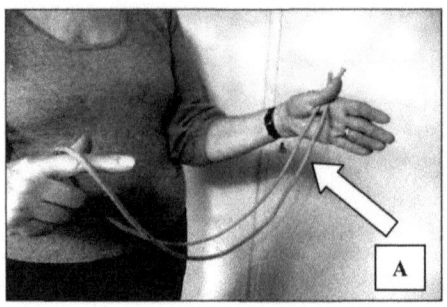

La corde, ainsi tenue, pend verticalement. Vous passez le pouce et l'index de la main droite dans la boucle que forme le bas de la corde et vous remontez cette boucle vers le haut, ainsi que le montre la photo (A). Sur la photo, les mains ont été écartées pour bien montrer leur position respective mais, en réalité, la main droite monte verticalement, en élevant la boucle, et arrive près de la main gauche. Arrivés en dessous de la main gauche, le pouce et l'index droits saisissent le brin de corde indiqué par la flèche.

Le pouce et l'index tiennent ce brin de corde et le remontent au-dessus de la main gauche. Dans ce mouvement, la boucle, qui passait sur le pouce et l'index, tombe sur la partie recourbée de la corde, à l'endroit indiqué sur la photo (B) ci-dessous. La main droite continue son mouvement vers le haut et forme une petite boucle qui va dépasser au-dessus de la main gauche. Cette boucle est serrée par le pouce et l'index gauches. La photo (C) ci-dessous montre ce que voient les spectateurs lorsque la petite boucle a été saisie par la main gauche. Les spectateurs doivent avoir l'impression que la boucle qui dépasse de votre main gauche est celle dans laquelle vous aviez passé le pouce et l'index droits tout au début du mouvement ascendant de la main droite.

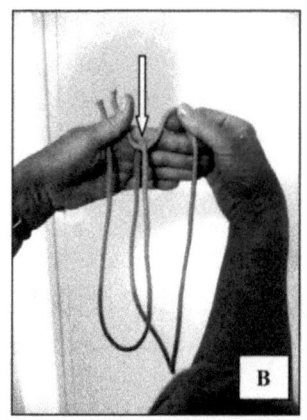 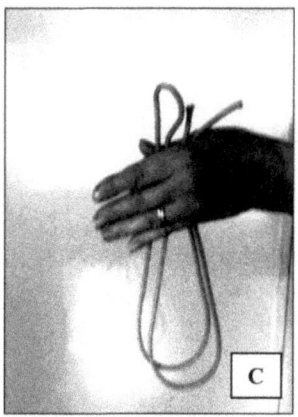

Vous faites couper réellement par un spectateur la boucle qui dépasse de votre main gauche. Cette opération vous donne un petit morceau de corde recourbée, passant sous l'autre morceau, dont les extrémités dépassent de votre main gauche comme on le voit sur la photo (D) ci-dessous.

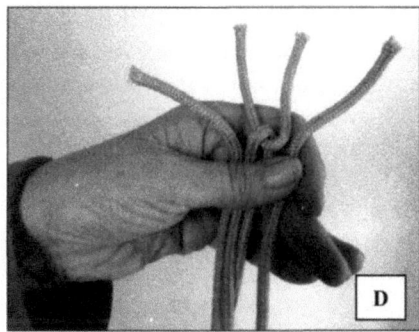 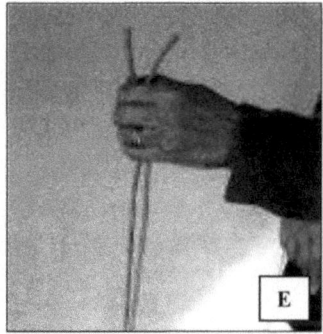

Vous appuyez le pouce gauche sur la jonction entre les deux boucles de la corde afin de retenir le haut de celle-ci dans votre main gauche. Votre main droite saisit les deux extrémités gauche et droite de la corde et les laisse tomber vers le bas. Vous semblez alors tenir en main gauche deux morceaux de corde qui, pour le public, semblent séparés et de même longueur, selon la photo (E) ci-dessus.

Pour reconstituer ces deux moitiés de corde en une seule unité, dites-vous, il suffit de faire un nœud.

Vous nouez le petit morceau de corde au milieu du grand et vous montrez l'ensemble comme s'il s'agissait de deux morceaux noués ensemble. Puis, en enroulant la corde autour de votre main gauche, vous faites glisser le petit morceau formant un nœud dans votre main droite au fur et à mesure de votre enroulement. Puis vous déroulez la corde reconstituée sans un nœud montrant ainsi que seuls les mathémagiciens démontrent que $½ + ½ = 1$.

Le journal déchiré et reconstitué

Ce que voient et entendent les spectateurs

Le magicien montre un journal dont il choisit une double feuille. Il la déchire en deux et pose une feuille sur une chaise. Il continue de déchirer l'autre feuille en quatre morceaux qu'il met sous son bras. Il reprend la deuxième feuille et fait de même avec elle.

Le magicien met ensemble les deux paquets de feuilles déchirées. Il lit quelques annonces humoristiques qui figurent sur les morceaux du journal. Regrettant de l'avoir déchiré, le magicien secoue brusquement les feuilles déchirées et le journal est magiquement reconstitué.

Matériel nécessaire et préparation

1. Un journal spécialement préparé. La double feuille que vous choisissez dans le journal comporte, sur la face qui n'est pas montrée au public, une préparation sur chacune des feuilles.

Sur le quart inférieur d'une des feuilles que vous allez déchirer, vous posez un aimant très mince que vous maintenez en place en collant dessus un morceau de journal.

D'autre part, vous prenez une deuxième double feuille de journal, identique à celle que vous allez déchirer. Vous choisissez une double feuille aisément reconnaissable. Par exemple, la première page, avec le nom du journal, et la dernière. Vous pliez cette double feuille en accordéon, de telle sorte que vous obteniez un pliage dont les dimensions sont nettement inférieures à celle d'un quart de feuille. Vous collez ce pliage sur le morceau de journal qui maintient l'aimant, de telle façon que vous puissiez aisément le déplier par la suite.

Sur un quart supérieur de la deuxième feuille que vous déchirerez, vous collez une plaque de carton mince ayant une surface inférieure au quart de feuille. Vous posez sur le carton un aimant très plat et vous le maintenez en place en collant par-dessus un morceau de journal cachant le morceau de carton.

Le travail caché du magicien

Lorsque vous dépliez votre journal, vous choisissez comme double feuille celle que vous avez préparée. Vous tournez naturellement cette double feuille de telle sorte que les faces internes préparées ne soient pas vues par le public.

Lorsque vous avez déchiré la double feuille, vous posez une feuille sur une chaise en vous méfiant des chaises métalliques. Attention, lorsque vous utilisez des aimants, pensez à éviter tout objet en fer dans leur voisinage, que ces objets soient dans votre poche ou ailleurs. Pour déchirer facilement les feuilles en quatre morceaux, vous devez auparavant avoir plié ces feuilles en quatre en marquant bien les pliures. Il faut réaliser des morceaux de journal qui ne risquent pas d'être trop petits, dévoilant alors la double feuille sosie qui est pliée et collée derrière.

Lorsque vous reprenez les morceaux que vous avez mis sous le bras et que vous mettez les autres dessus, il faut que les morceaux soient dans l'ordre suivant : le morceau sur lequel est collé la double feuille repliée en accordéon, l'aimant se trouvant du côté des morceaux suivants ; six morceaux quelconques ; le morceau sur lequel est collé un carton avec un aimant.

Dans cet ordre, les deux aimants s'attirent à travers les morceaux de journal et ceux-ci sont ainsi maintenus ensemble en un seul paquet. Le paquet est évidemment vu par le public du côté du carton recouvert de journal, l'autre partie pliée étant invisible. Vous regrettez d'avoir déchiré un tel journal plein d'humour dont vous aviez dit pis que pendre auparavant. Vous pliez les morceaux de façon à saisir la double feuille repliée derrière le paquet et, d'un geste brusque, vous la dépliez. Les morceaux sont cachés derrière cette double feuille et tiennent ensemble grâce à l'action des aimants. Vous faites remarquer qu'il s'agit bien du même journal que celui déchiré et que vous aviez évidemment acheté en double exemplaire.

Divertissements et curiosités délectables

Comment partager des chameaux ?

Parmi les problèmes célèbres, l'histoire d'un riche arabe qui veut partager ses chameaux entre ses trois fils est des plus connues par les amateurs d'énigmes mathématiques. Le dit arabe possédait donc 17 chameaux. Après sa mort, le notaire du coin dévoile que son client a fait un testament par lequel il lègue la moitié de ses chameaux à son fils aîné, le tiers au cadet et le neuvième à sa fille.

Le notaire est bien embêté car dans ce pays on ne coupe pas les chameaux en morceaux lors d'une succession. Or, la moitié des 17 chameaux, cela fait 8 chameaux et un demi chameau. Le tiers de 17 n'est même pas un nombre qui existait en ce temps là. Quant au neuvième de 17 chameaux c'est tout aussi délirant. Le notaire jette au loin ses babouches et va faire la sieste en espérant une idée qui lui permettra de débloquer la situation.

Après un petit somme réparateur, le notaire va consulter le grand mathématicien Ibn Saoul qu'il trouve en train de boire un pastis sans alcool. Il lui soumet son problème et le mathématicien lui promet de trouver une solution.

Le lendemain, les trois héritiers sont dans la tente du notaire en attendant Ibn Saoul qui arrive enfin accompagné de l'un de ses propres chameaux. Il dit au notaire : « Je te prête mon chameau moyennant dix kilos de dattes. Fais ton travail. » Le notaire a donc 18 chameaux. Il en donne la moitié au fils aîné, soit 9, 6 au cadet et 2 à la fille. Il en reste un qu'il rend au mathématicien.

Cela peut sembler bizarre que chacun des enfants ait eu finalement plus de chameaux que la part prévue par leur père bien que les 17 chameaux aient été répartis entre les enfants. Cette curiosité délectable vient simplement du fait que la somme des fractions du partage n'est pas égale à l'unité. On a en effet :
$$1/2 + 1/3 + 1/9 = 17/18$$

Comment partager une chambre d'hôtel à trois ?

Trois voyageurs arrivent dans une auberge pour y passer une nuit. Il ne reste plus qu'une seule chambre dont le prix est de 30 euros. Chacun des voyageurs donne donc 10 euros.

Dans la soirée, le patron de l'hôtel s'aperçoit que la chambre qu'il vient de louer est seulement à 25 euros la nuit. Il envoie la réceptionniste porter 5 pièces de un euro aux voyageurs. Celle-ci se dit que partager 5 euros entre trois personnes risque de créer des difficultés ; elle empoche donc 2 euros et distribue seulement un euro à chacun des voyageurs.

Chaque voyageur a donc payé sa nuit d'hôtel 9 euros. La réceptionniste a gardé 2 euros pour elle. Si l'on fait le calcul des dépenses, on a : 3 fois 9 euros égal 27 euros, payés par les voyageurs, plus 2 euros dans la poche de la réceptionniste, cela fait seulement en tout : 27 + 2 = 29 euros. Où est passé l'euro manquant ?

L'art de partager une femme en cinq morceaux
Présentation par les magiciens Michaël et Betty Ross

Bibliographie

BACHET CLAUDE-GASPARD, SIEUR DE MEZIRIAC, *Problèmes plaisants et délectables qui se font par les nombres*, Albert Blanchard, 1993.

BARTHELEMY GEORGES, *2500 ans de Mathématiques*, Ellipses, 1999.

BELNA JEAN-PIERRE, *Histoire de la logique*, Ellipses, 2005.

BIBLIOTHEQUE SCIENTIFIQUE, *La science des nœuds*, Belin – Pour la Science, 2001.

BOSCAR, *Dix séances d'illusionnisme*, Imprimerie Vulliez et Chiot, Joigny, 1928.

CHEVALY MAURICE, *Sorcellerie d'hier et d'aujourd'hui*, Autres Temps, 1993.

DELAHAYE JEAN-PAUL, *Les inattendus mathématiques*, Belin – Pour la Science, 2004.

DIF MAX, *Histoire illustrée de la prestidigitation*, Maloine, Paris, 1986.

DURATY, *Enclavor & Liberator dans de nouvelles aventures*, Éditions Duraty, 2003.

DUVILLIE BERNARD, *L'émergence des mathématiques*, Ellipses, 2000.

ERNST BRUNO, *L'aventure des figures impossibles*, Benedikt Taschen, 1990.

FIELDS EDDIE & SCHWARTZ MICHAEL, *The « Best of » du jeu Ultra Mental*, Joker de Luxe, 1998.

FOURREY E., *Récréations mathématiques*, Librairie Vuibert, 1947.

GARDNER MARTIN, *Mathématiques, magie et mystère*, Dunod, 1966.

GUILLEMIN FANCH, *Histoire de la magie blanche, avant Robert-Houdin*, Ar Strobineller Breiz, Brest, 2000.

HIÉRONYMUS, *Tours extraordinaires de mathémagique*, Ellipses, 2005.

HLADIK JEAN, *Illusions visuelles, magiques, divertissantes et scientifiques*, Ellipses, 2007.

HLADIK JEAN, *La Prestidigitation*, Presses Universitaires de France, 2004.

HUGARD JEAN, *Encyclopédie des tours de cartes*, Payot, 1970.

LESLEY TED, *Para miracles*, Magix, Strasbourg, 1996.

LOCHER J. L., *Le monde de M.C. Escher*, Editions du Chêne, 1972.

MASKELYNE NEVIL, *L'art dans la magie*, Magix, Strasbourg, 1989.

NELMS HENNING, *Magie et mise en scène*, Magix, Strasbourg, 1983.

PICKOVER CLIFFORD A., *Oh, les nombres !*, Dunod, 2001.

REGNAULT JULES, *Les calculateurs prodiges*, Payot, 1943.

RICHARDSON BARRIE, *Mental Magic*, Magix, Strasbourg, 2002.

ROBERT HOUDIN, *Confidences d'un prestidigitateur*, Calmann Lévy, 1881.

ROBERT HOUDIN, *Magie et physique amusante*, Calmann Lévy, 1885.

ROUCHE NICOLAS, *Pourquoi ont-ils inventé les fractions,* collection l'Esprit des sciences, Ellipses, 1998.

SOUDER DOMINIQUE, *80 expériences de maths magiques*, Dunod, 2008.
STEVENSON AL & IAN MAGIC, *Le "Best of" du jeu biseauté*, Joker de Luxe, 1998.
TANGENTE, *Jeux mathématiques*, Editions Pole, 2004.
VALERA RAMON & TAMARIZ JUAN, *Théorie & pratique des cartes truquées*, Cymys, Barcelone.
VOLLMER RICHARD, *Le principe de Gilbreath*, Magix, Strasbourg, 2000.
VOLLMER RICHARD, *Petite anthologie des tours de cartes automatiques*, Tome 2, Magix, Strasbourg, 1987.
VOLLMER RICHARD, *Petite anthologie des tours de cartes automatiques*, Tome 9, Magix, Strasbourg, 2005.
WARLOCK PETER, *Buatier de Kolta. Génie de l'illusion*, Académie de Magie, Joker de Luxe et Paris Magic, 1997.
WATERS T. A., *Mind, Myth & Magick, volume 2*, Magic Dream, 2005.

**Le clown-magicien Hiéronymus offre une rose à une spectatrice
qui ne se doute pas du tour olé olé qu'il lui prépare**

Table des matières

1. Mathémagie des dés et des dominos **3**
    Le dé grossissant de Buatier de Kolta 4
    Un nombre prédit qui tombe pile 5
    Le tirage mystérieux des trois dés 7
    Descartes joue avec des cartes et des dés 9
    Le domino subtilisé 10
    Les chiffres qui permutent 12
    Des dés mélangés se rangent en bon ordre 15
    Des dominos se déplacent 17
    Divertissements et curiosités délectables 19

2. Mathémagie des cartes **23**
    Magicien et tricheur aux cartes au 18e siècle 24
    La parité des cartes est en jeu 25
    La carte se retrouve dans le jeu au nombre choisi 29
    Le comptable ne sachant pas compter 30
    Devinez le nombre de cartes déplacées 35
    Prédiction par les cartes 36
    La carte choisie se trouve au nombre prédit 39
    La dernière carte est celle prédite 40

3. Pièces de monnaie et billets de banque **43**
    Votre argent m'intéresse 44
    Les voleurs de pièces d'or 45
    Le mystère du neuf mis en pièces 47
    Cache-cache à pile ou face 48
    Gagnez un billet de 100 euros 49
    Enrichissez-vous en comptant : 6 – 3 = 6 54

4. Devenez calculateur prodige **57**
    Calculateurs prodiges 58
    Des animaux qui « calculent » 59
    Deux multiplications d'un coup 60
    Division mathémagique des jumeaux 61
    Extraction d'une racine septième 63
    Extraction d'une racine neuvième 65
    Mémorisez les décimales du nombre π 65
    Suites de Fibonacci 67
    Multipliez des millions par des millions 69
    Addition rapide de 5 nombres de 4 chiffres 71
    Addition instantanée de 7 nombres de 6 chiffres 74
    Divertissements et curiosités délectables 76

5. Mentalisme et magie noire **81**
- Des spectres vivants et impalpables 82
- Un symbolisme ésotérique 84
- Divination d'un mot dans un roman 87
- Prémonition d'une carte par un spectateur 89
- Mystérieuse transmission … de 7 nombres de 4 chiffres 93
- Un tableau de nombres pour anniversaire 95
- Rencontres entre signes du zodiaque 98
- Récitez votre chapelet 100
- Transmission de pensée au chapelet 100
- Le passé se répète vingt ans après 103

6. Mystérieuses évasions **105**
- Harry Houdini (1874-1926), roi de l'évasion 106
- Évasion topologique d'un élastique 107
- Évasion d'un anneau à travers une ficelle 109
- Évasion de la corde du pendu 111
- Le saut de l'élastique 113
- Enchaînement topologique d'un couple 115
- Comment trancher le nœud gordien ? 117
- Divertissements et curiosités délectables 120

7. Illusions géométriques **125**
- Illusions visuelles, magiques, divertissantes et scientifiques 126
- Le carrelage magique 127
- Le tapis brûlé et raccommodé 129
- Le triangle des Bermudes 131
- Le contenu qui contient le contenant 135
- Une bougie allumée à travers une vitre 136
- Métempsycose d'un âne transformé en chaise 137
- La pièce de monnaie aspirée par une seringue 139
- Divertissements et curiosités délectables 141

8. Partages **147**
- La « *Femme sciée en deux* » 148
- La corde coupée en deux et raccommodée 149
- Le journal déchiré et reconstitué 152
- Divertissements et curiosités délectables 153

Bibliographie **155**

Robert-Houdin (1805-1871) présente *L'Oranger Merveilleux* en 1845
Cet oranger mécanique produisait des fleurs, puis des oranges.

Dépôt légal : avril 2009